"十四五"普通高等教育本科部委级规划教材

河南省"十四五"普通高等教育规划教材
高等教育陶瓷艺术设计系列教材

平顶山学院高层次人才启动基金"中原陶瓷文化研究及学科
基础建设"项目资助（项目编号：PXY-bsQD-2018016）

U0149849

陶瓷工艺技术

孙晓岗 编著

中国纺织出版社有限公司

内 容 提 要

本教材结合陶瓷工艺制作的各个环节，包括原料制备、成型工艺、配料计算、烧成技术等。以传统陶瓷制备技术教学为主要目标，以陶瓷工艺理论为基础，详细讲述了陶瓷制备过程的工艺技术原理及注意事项，对中国自古以来的传统日用、艺术瓷至现代陶瓷的工艺技术及具体生产流程进行了详细的讲述，具有较高的教学实用性，使学生在学习该课程时对日用陶瓷及艺术陶瓷的工艺特点形成一个三维立体的直观认识。此外，本教材引入了各种日用、艺术陶瓷生产工艺过程实例，具有较高的系统性和学术性，同时采用通俗易懂的文字对教材进行合理编撰，以达到易于学生、学者阅读和参考的目的。

图书在版编目（CIP）数据

陶瓷工艺技术 / 孙晓岗编著 . -- 北京：中国纺织出版社有限公司，2023.7

"十四五"普通高等教育本科部委级规划教材　高等教育陶瓷艺术设计系列教材

ISBN 978-7-5229-0469-6

Ⅰ.①陶…　Ⅱ.①孙…　Ⅲ.①陶瓷 － 工艺学 － 高等学校 － 教材　Ⅳ.①TQ174.6

中国国家版本馆 CIP 数据核字（2023）第 056740 号

责任编辑：华长印　朱昭霖　　责任校对：江思飞
责任印制：王艳丽

中国纺织出版社有限公司出版发行
地址：北京市朝阳区百子湾东里 A407 号楼　邮政编码：100124
销售电话：010—67004422　传真：010—87155801
http://www.c-textilep.com
中国纺织出版社天猫旗舰店
官方微博 http://weibo.com/2119887771
天津千鹤文化传播有限公司印刷　各地新华书店经销
2023 年 7 月第 1 版第 1 次印刷
开本：787×1092　1/16　印张：11.5
字数：200 千字　定价：69.80 元

编 委 会

主 任

孙晓岗

编委成员（排名不分先后）

孙新民　张玉骉　孔相卿　詹　嘉　黄　胜

章　星　鲁书喜　高水旺　王　雨　王庆斌

郭爱和　陈　涛　孙振杰　李银广　付玉峰

杨兴化　刘晓明

前言
PREFACE

　　陶器是随着社会生产力发展而产生的传统手工技艺。陶制品的出现也许是先民用编织物粘接泥巴制成墙壁进行取暖及防备野兽，在偶然遇到大火燃烧时促使泥墙变硬，又或许是炉灶旁的泥土经火烧变硬，由此受到启发而开始有意识地制作陶器，在人类生产活动中逐渐成为必不可少的器物。

　　陶器出现在旧石器时代晚期，是新、旧石器时代划分的标准之一。新石器时代的黄河中下游的仰韶文化、龙山文化、大汶口文化，北方红山文化，长江中下游崧泽文化、河姆渡文化及良渚文化等陶器上面出现的装饰纹样、图案以及千奇百怪的造型、符号等都是先民对"美"这一情感追求的艺术表现。所以说陶器是集实用功能和审美功能为一体的工艺美术品。

　　商周时期，随着白陶、印纹硬陶及原始青瓷的出现，拉开了中国瓷器发展的序幕。秦汉时期铅釉陶的创烧开创了低温釉的应用先河。魏晋南北朝时期中国陶瓷出现"南青北白"的格局。唐代三彩艺术、鲁山花瓷器物的产生体现了人们审美的多样化。宋元时期，中国瓷器发展达到了顶峰，相继出现了官瓷（北宋修内司官窑、南宋官窑），汝瓷，钧瓷，哥窑，定窑等被后世传颂的著名窑口。元代景德镇成为全国制瓷中心，相继创烧了卵白釉、青白瓷、釉下彩瓷器。明清时期，中国陶瓷受到西方陶瓷工艺技术的影响，随着陶瓷新材料的引进，釉上彩、釉下彩、釉中彩、粉彩、斗彩、釉里红和单色釉霁蓝、黄釉、绿釉等品种相继烧制成功。总而言之，中国陶瓷发展史上每个时期都有其独特的工艺技术和艺术特色，在各个瓷区的相互交流、融合与创新中，陶瓷的艺术性正不断地增强。

党的二十大报告中指出，中华优秀传统文化源远流长、博大精深，是中华文明的智慧结晶。随着国家对于传统文化保护力度的不断加强以及对传统文化保护面的不断拓宽，当代中国陶瓷在传统陶瓷的基础上更加注重创新和发掘其文化内涵。同时随着国内陶瓷艺术思维的迅速发展，部分中小学及高校开设了陶艺课程，还出现了数量巨大的陶艺作坊及个人经营的陶艺工作室。在内因与外因的综合作用下，中国当代陶瓷在借鉴国外陶艺思想的基础上融合中国传统陶瓷工艺，迅速、蓬勃地发展。

中国当代陶艺是传统陶瓷文化的现代化体现，可以说是一种既年轻又古老的艺术。之所以被称为年轻是因为它在20世纪上半叶伴随国外现代艺术的出现而产生，拥有欣欣向荣的艺术活力。被称为古老则是因为中国陶瓷在历史长河中始终伴随中华文明的发展而发展，彰显着中国五千余年历史发展所沉淀的独特魅力。中国陶艺在当代的发展过程中，相关教育部门将陶艺列入劳动实践课程，使学生从小便可以受到艺术的熏陶，并从中锻炼动手实践能力，此举非常好地体现了素质教育德智体美全面发展的教育初衷。

现代陶艺的创作主要通过作品的造型、材料、肌理、纹饰、釉色来表达作者的审美价值和情感，满足现代人想要回归自然、体现自我个性及表达个人情感的需求。现代陶艺在传统陶瓷造型艺术之上融合了绘画、雕塑等造型艺术，并以独特的艺术语言和丰富的表现力吸引众多艺术家、陶艺爱好者从事陶艺创作。陶艺作品自创作者历经艺术体验、艺术构思为始，通过艺术语言对创作者内心情感进行意象物化，使一件件充满感情的陶瓷艺术品通过劳动实践出现在人们的视野中，装点着人们丰富多彩的生活。

孙晓岗

2022年10月

目 录

CONTENTS

第一章

陶瓷的概念

P A R T 1

陶瓷是指用黏土、石英等天然硅酸盐原料经过粉碎、成型、煅烧等过程得到的定型、高强度、高硬度的制品。按实用性和装饰性可分为日用陶瓷（图1-1）、工业陶瓷（图1-2）、建筑陶瓷（图1-3）、艺术装陶瓷（图1-4）。陶瓷的生产经历漫长的发展过程，发展到今天出现了氧化物陶瓷、压电陶瓷、金属陶瓷等特种陶瓷。即使不同陶瓷种类所采用的原料不同，但其基本生产过程都遵循着"原料处理—成型—煅烧"这种传统方式，因此，陶瓷可以认为是用传统的陶瓷生产方法制成的无机多晶产品。

图1-1 茶具 现代

图1-2 白瓷洗脸盆 现代

图1-3 琉璃屋脊 清代

图1-4 非洲女人 现代 中国磁州窑博物馆藏

现在人们把陶与瓷合并论称为陶瓷。实际上，陶与瓷是两种完全不同的概念。陶器基本是以黏土为原材料，瓷器则是由高岭土为原材料。当然，两者的烧制温度也完全不同，这也导致了陶器和瓷器的物理特性大致相同，却又不完全一致。陶器与瓷器虽是两种不同的类型，但两者之间存在千丝万缕的联系，瓷器由陶器发展而产生，介于两者之间的还有炻器。

第一节 | 陶瓷制品的分类

陶瓷制品的种类繁多，它们之间的化学成分、矿物组成、物理性质以及制造方法，常常互相交错，并无明显的界限，而在材料应用上却有很大的区别。因此陶瓷制品的分类方法可以大致归纳为下述两种：原料杂质含量及结构紧密程度分类方法、熔剂含量及原料成分分类方法。原料杂质含量及结构紧密程度分类方法主要将陶瓷制品分为陶器、炻器、瓷器三种；而熔剂含量及原料成分分类方法则将陶瓷制品分为硬制瓷、软质瓷、特种瓷三种。

一、原料杂质含量及结构紧密程度分类方法

（一）陶器

陶器属多孔结构，吸水率大，最低为9%~12%，最高可达18%~22%，烧制温度低。根据胎体原料杂质含量的不同，可分为粗陶和细陶。粗陶胎料加工工艺粗糙，古代多加砂、贝壳和植物秸秆等有机物材料，如贾湖陶器（图1-5）。建筑所用的砖雕、墙、瓦均为粗陶制品。细陶胎料加工细腻，新石器时代大多取自河道沉淀的淤泥（澄泥），表面多装饰纹样，如仰韶彩陶器（图1-6），现代的黄河澄泥制品（图1-7）。

陶器制作比瓷器制作简便，几乎任何泥土都可以进行烧制，烧制温度大概在700~1000℃。陶器的制作可以追溯到一万年前的新石器时代，在新石器时代制作的陶

图1-5　红陶双耳罐　裴李岗文化　舞阳贾湖遗址M125出土　河南省文物考古研究院藏

图1-6　彩陶盆　仰韶文化　2014年郑州市大河村遗址W189出土　　　　图1-7　天禄　现代　李赞
郑州大河村遗址博物馆藏

器表面，加入氧化铁、氧化锰进行烧制，就是我们所说的陶瓷器。后来随着窑炉结构和烧制
技术的改变，龙山文化出现了灰陶、黑陶（图1-8）。夏商时期陶器原材料发生变化，开始
出现白陶和印纹陶（图1-9）。春秋战国时期又出现彩绘陶（图1-10）。两汉时期低温釉陶
的出现完成了中国陶瓷从陶到瓷的转变（图1-11）。

　　陶器胎质结构硬度和强度不高，略施力度就可以将其粉碎，敲击时伴有深沉的呜呜声，
不够清脆响亮。陶器按材料、颜色、烧制温度大致可分为红陶、彩陶、灰陶、黑陶、白陶、
印纹陶、低温铅釉陶、三彩釉陶、建筑琉璃陶等品种。

图1-8　灰陶甑　龙山文化　郑州西山遗址H1452出土　河南省　　　　图1-9　白陶盉　二里头文化　1982年偃师二里
文物考古研究院藏　　　　　　　　　　　　　　　　　　　　　　头遗址出土　中国社会科学院考古研究所二里头
工作队藏

图1-10 彩绘瓮 新砦期 2003年巩义花地嘴　　　图1-11 绿釉陶鸡 西汉 山东高唐县东固河出土 山东博物馆藏
　　　H144出土 郑州市文物考古研究院藏

（二）炻器

炻器是一种炻质陶瓷制品，介于陶质
与瓷质制品之间，结构相比陶质制品更为
紧密，吸水率较小（图1-12）。传统水缸和
面盆就属于这种材料，紫砂也属于这一范畴
（图1-13）。炻器按其坯体结构的疏密程度，
又可分为粗炻器和细炻器两种，粗炻器吸水
率一般为6%左右，细炻器吸水率小于2%，
建筑饰面用的外墙面砖、地砖和陶瓷锦砖

图1-12 炻器茶具 现代　　　　　　　　　　图1-13 紫砂六棱四耳瓶 民国 淄博市博物馆藏

（马赛克）等均属粗炻器。其特点是热稳定性能好，可以适应温度的急剧变化，如在微波炉可以使用。

（三）瓷器

采用高岭土、黏土制作，经高温烧制而成，胎体结构紧密，基本上不吸水，其表面均施釉。瓷质制品多为日用制品和陶艺作品等。瓷器是陶瓷器发展的更高阶段，它的特征是坯体已完全烧结，釉料完全玻璃化，因此很致密，对液体和气体都无渗透性，胎薄处呈半透明，断面呈贝壳状，釉面几近光滑。

图1-14 褐釉瓶 北朝 河北邺城博物馆藏

瓷器的生产相较于陶器对生产中的材料、烧制等方面要求更高。瓷器的胎料必须以瓷土（高岭土）为主，高岭土除瓷土之外还有白云土的说法。高岭土的具体性状多无光泽，质纯时颜白细腻，如含杂质时可带有灰、黄、褐等色。外观依成因不同可呈松散的土块状及致密岩块状。据调查可知是因高岭土主要由高岭石组成，高岭石的理论化学组成为46.54%的SiO_2、39.5%的Al_2O_3、13.96%的H_2O。瓷器烧制温度较高，一般要经过1200~1300℃的高温烧制；瓷器吸水性较低，吸水率小于1%或不吸水。表面施釉有玻璃质，烧制后胎体坚硬结实，组织细密，敲击会发出清脆悦耳的金属声。瓷器按釉色分类具体有：青瓷、白瓷、黑瓷、花瓷、钧瓷等品种（图1-14）。

二、熔剂含量及原料成分分类方法

（一）硬质瓷

因具有陶瓷器中最好的性能，故用以制造高级日用器、电瓷、化学瓷等，我国所产的瓷器以硬质瓷为主。硬质瓷器坯体组成熔剂量少，烧成温度在1360℃以上，色白质坚，呈半透明状，强度较高，拥有优异的化学稳定性和热稳定性，又是电的不良传导体，电瓷、高级餐具瓷、化学用瓷、普通日用瓷等均属此类，也称为长石釉瓷。

（二）软质瓷

软质瓷与硬质瓷不同点是坯体内含有的熔剂较多，烧成温度约在1300℃以下，因此它的化学稳定性、机械强度、介电强度均较低。因软质瓷的物理特性，一般工业瓷中不使用软质瓷作为使用材料。软质瓷的特点是半透明度高，多用于制造艺术瓷、卫生用瓷、瓷砖及各种装饰用瓷等。这两类瓷器由于生产工艺要求高，成本较高，生产并不普遍。至于熔块瓷与骨灰瓷，它们的烧制温度与软质瓷相近，其优缺点也与软质瓷相似，应属软质瓷的范畴（图1-15）。

（三）特种瓷

随着现代电器、无线电、航空、原子能、冶金、机械、化学等工业以及电子计算机、空间技术、新能源开发等尖端科学技术的飞跃而发展起来的陶瓷品种。所用原材料不再局限于黏土、长石、石英等传统陶瓷原料，虽一少部分坯体还是使用黏土或长石，但更多的是采用纯粹的氧化物比例调制，具有特殊性能的生产原料。如高铝质瓷以氧化铝为主，镁质瓷以氧化镁为主，滑石质瓷以滑石为主，铍质瓷以氧化铍或绿柱石为主，钛质瓷以氧化钛为主。采用不同氧化物原料生产的特种陶瓷，其制造工艺与性能要求也各不相同。

上述特种瓷多是不含黏土或含极少量黏土的制品，成型多用干压、高压方法，在国防工业、重工业中多用此类瓷，乃至火箭、导弹上的挡板，飞机、汽车上用的火花塞，收音机内的半导体，快速切削用的瓷刀等都采用特种陶瓷作为生产原料（图1-16）。

图1-15 瓷雕·张衡 现代 陈贻谟作品 淄博陶瓷琉璃博物馆藏

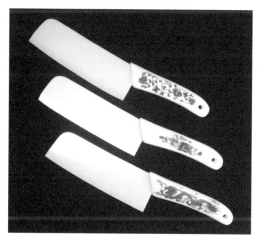

图1-16 陶瓷刀具 现代

第二节 | 陶瓷的种类

中国是陶瓷生产大国，每个时期都有明显的时代特征，如新石器时代人类在河流、湖泊岸边捧起黏土进行尝试性、有意识的造型塑造，抟泥为器进行烧制，陶器便诞生于这种物质之中，在千百余年的历史进程中，根据不同需求，不断变化出各色各样的品种。古代社会大规模运用以瓦片、墙砖、窑炉砖等为代表的建筑陶瓷（图1-17）。夏商周时期随着原材料的变化、窑炉构造的改变、燃料的革新，原始青瓷出现；汉代炼丹则使用大量铅釉陶器；唐代国力的昌盛，厚葬之风带动三彩明器的盛行；宋代五大名窑的鼎盛为陶瓷传承发展厘清脉络。陶瓷创作无论如何都离不开实用性和装饰性，这是陶瓷制作的基本法则。

图1-17　灰陶瓦当、筒瓦　战国　新郑博物馆藏

一、艺术陶瓷

艺术陶瓷也称陈设艺术陶瓷，是指在传统陶瓷上区别于实用性陶瓷的陶瓷种类。艺术陶瓷主要用于陈设装饰、鉴赏收藏、人文礼品等，艺术陶瓷的造型颇多，如花瓶、雕塑品、园林陶瓷、陈设品、灯具等。艺术陶瓷制品多放置于家居、公共环境中，因此艺术陶瓷作品造型生动，具有较高的艺术价值，受到了人们的欣赏。

（一）艺术陶瓷的特点及发展

艺术陶瓷自新石器时代的彩陶、印纹硬陶开始经过各个朝代的特色融入而逐步发展壮大。它包括中国传统各大窑系以及衍生出来的传统瓷区生产的装饰观赏性陶瓷。从烧制温度来讲有高温、低温之分；从胎料材质来讲有粗泥、细泥，白泥、黑泥之别；从放置效果来讲有立体、平面创作；从釉料装饰来讲有釉上、釉中、釉下装饰技法（图1-18）。因其承载着我国数千年历史文化底蕴，已经成为体现人类社会文明与发展的见证者和参与者。艺术陶瓷发展以唐、宋、元、明、清最为繁荣，唐代至清代制陶工艺技术渐臻成熟。唐三彩、宋代五大名窑、元代青花、明代彩绘瓷、清康、雍、乾三代的粉彩、珐琅彩、德化白瓷、广彩（图1-19）等，都是艺术陶瓷的鼎盛之作。

图1-18　白地黑花题书荷口瓶　元代　淄博市博物馆藏

图1-19　广彩开光人物瓶　民国
淄博陶瓷琉璃博物馆藏

　　广义上艺术陶瓷包括陶与瓷以及其他土质材料烧制而成的具有一定艺术气息陶瓷的总称。狭义上细分为陶艺与瓷艺。前者采用黏土、匣钵土等天然粗质材料，后者则采用高岭土、瓷土等精细材料，并选用合适的制作工艺、烧成条件所创造的陶瓷艺术品。艺术陶瓷实用性差，多用作插花做装饰而已，但是它具有质朴、凝重、细腻、秀美的美学特征。

　　艺术陶瓷与其他陶瓷产品不同，具有较高的艺术观赏和收藏价值，附加值较高，作品本身被赋予特定艺术内涵和独特的文化故事，是其成为陈设艺术的重要组成部分。陶瓷艺术要求创作者充分发挥自己的想象力，体现自身的精神价值，陶艺只是以普通的泥土作为物质载体，借以体现出当代艺术精神，即使有些作品仍然保留着最初作为容器存在的形态，但已不再是以实用为目的，并且突破原有的技术规范，扬弃传统陶瓷精致、规整、对称的古典审美趣味，向着随意自由、更富想象力、更具人文精神的方向发展。因此，艺术陶瓷纯属于艺术家个体面对心灵的艺术创造，具有从古老的秩序中脱离而生长出的一种独特的艺术形式（图1-20）。

当前的陶瓷艺术创作进入了空前繁荣的时期，新形式、新体裁、新材质层出不穷。通过艺术陶瓷独特的表现手法，逐渐显示它的独立地位，像其他的绘画、雕塑、建筑艺术一样，强调作品的欣赏功能，成为社会环境美学的重要组成部分。如今陶瓷艺术存在着时代性、民族性、世界性以及传统创新关系的实质性问题，这就是"越是民族的，就越是世界的"的哲理。艺术陶瓷在社会环境、自然环境、人们的心理状态和民族特点的影响下，俨然成为涉及人类学、民族学、社会学、艺术学、心理学、哲学、美学等多种学科的综合艺术。现代艺术陶瓷创作既要体现工艺美，也要体现艺术美，艺术家们需要善于汲取和运用多种学科，所以说它也是一门实践艺术（图1-21）。

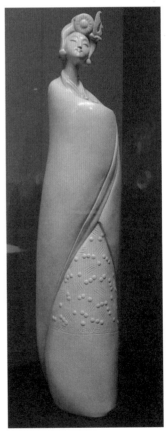

图1-20 陶塑·阿福 现代 吕品昌 淄博陶瓷琉璃博物馆藏　　图1-21 瓷雕·侍女 现代 杨玉芳 淄博陶瓷琉璃博物馆藏

现代社会经济迅速发展，民众的思维意识不断变化，对现代生活环境要求越来越高，所以要求艺术陶瓷在重返自然角度上不断探索和发展，追求原始的古朴和原材料的质感、肌理效果，制造出具有韵味的无光、脱釉、皲裂及自然形成的缺陷美等多种情趣的复合效果。通过窑炉烧制温度的改变，窑炉气氛的变化，烧制出各种变化莫测作品，使之成为独一无二的艺术作品，使今天创作的艺术品成为明天的文物，以达到艺术陶瓷创作的最终目标。

艺术陶瓷创作与瓷区分布关系密切，每种瓷器的材料、装饰工艺、烧制技术都有不同优势。一般分为南北两大瓷区。南方瓷器的代表性窑口有越窑、龙泉窑、德化窑、建窑、景德镇窑、石湾窑、潮州窑、醴陵窑。北方代表性窑口有汝窑、钧窑、定窑、磁州窑、耀州窑、淄博窑。从古至今，南北两大瓷区在历史长河中不断发展和变化，每次朝代的更迭和生产力的变化，都会对陶瓷发展带来很大的影响。每个时代都有自己的艺术，但各个时代不是孤立存在的，它们之间有着千丝万缕的联系。历代陶瓷艺术的发展在相同元素得到保留和传承的基础上有着自身的美学规律（图1-22）。

图1-22 青釉莲花尊 北朝 淄博陶瓷琉璃馆藏

现代陶瓷艺术创作主要集中在江西省景德镇市，浙江省龙泉市，福建省德化县，湖南省醴陵市，广东省佛山市、潮州市，江苏省宜兴市，山东省淄博市，河南省汝州市、禹州市、洛阳市，河北省邯郸市等几大艺术陶瓷产区。

（二）艺术陶瓷的分类

现代艺术陶瓷从形式上大体可以分为以下三种类型。

1. 以器皿形为主的陶瓷作品

这类作品主要以陶为制作媒材，利用陶土特有的质感，具有艺术重回本真的内涵，宣扬最为纯粹的简单构成形式。但它和传统器皿注重实用功能不同，现代陶瓷实用和美的功能开始分离，人们重新思考传统陶瓷所秉承的"对称之美"，重新塑形成陶艺新课题。与绘画艺

图1-23　陶艺·罐　现代　王建中
淄博陶瓷琉璃博物馆藏

术追求纯粹的视觉效果和雕塑艺术对多种媒材的综合实验不同，陶器的物理特性决定了它的形式美，以及与其他特性交叉碰撞产生出来的鲜明对比。陶艺是在陶的特质下对形式的再塑造、再创新、再发展。同时陶艺创作不仅需要创新精神，还要善于在制作过程中发现偶然的效果。在现代艺术陶瓷中，泥质的本色占据形式美学的绝大多数比例，利用陶土在肌理和质地上的丰富变化，构造出一种新的形式美学关系，以丰富陶艺作品的艺术表现力（图1-23）。

2. 陶瓷雕塑类作品

这类作品主要侧重于自我观念的表达。就像人类每天思考着寻找生命的多样性及世间的美好与丑陋，创作者可以把这种对于生命的启发及自我认知融入其作品的创作中。陶艺作为表现自我的一种手段，艺术家在作品中倾注个人特殊感情或认知，实际上就是将自己的作品注入个人的感情思想（图1-24）。

3. 陶瓷作品与综合材料的合理利用

陶瓷与其他材质相结合的作品主要是对某种事物的深思或启发。陶瓷的最基本要素，如水、火、土在材质上相对简单，但是不同的形态与样式有着较为明显的差异性与复杂性，因此综合材料，如声光电的结合运用在作品制作中是一种突破和飞跃（图1-25）。

图1-24　陶艺·无题　现代
李见深　淄博陶瓷琉璃博物馆藏

图1-25　陶艺·飞鱼　现代　淄博陶瓷琉璃博物馆藏

二、生活陶瓷

生活陶瓷又称日用陶瓷，指满足我们日常生活所需求的陶瓷产品，主要以食用陶瓷、饮用陶瓷为主。我们最熟悉同时接触最多的生活陶瓷有餐具、茶具、咖啡具、酒具等（图1-26）。日用陶瓷有单只，也有成套搭配的组合，同时，多件日用陶瓷根据不同的组合方式可以衍生出不同的艺术表现效果。日用陶瓷品种较为丰富，按照所用原材料的不同可分为细制瓷、粗质瓷，按釉色可区分为釉上彩、釉下彩、色釉及未施釉的日用陶瓷。

在历史的长河中，日用陶瓷的生产主要依靠作坊式的手工生产模式运作。自工业革命导致生产组织形式的变革以来，机器生产逐渐代替手工生产，机器制造陶瓷的效率提高，手工生产方式走向衰弱俨然成为一种时代趋势。从19世纪至今的短短一百年，传统手工制陶生产方式由鼎盛不断走向衰败，与此同时也使多种陶瓷装饰技法缺失。古老而又辉煌的手工技法在时代中不断没落，导致技艺失传、传承人不断减少等现象，手工陶瓷逐渐淡出人们的视线，作为日用瓷器的陶瓷作品也仿佛失去应有的韵味。

随着国家政策不断强调手工业陶瓷文化及生产技艺的重要性，手工业正在朝着复兴的方向不断发展。21世纪以来，手工制作日用瓷器的风潮正在不断兴起。相较于以机器为主的大机器生产下制造的毫无活力的生活陶瓷而言，现代文化的保护与创新成为生活陶瓷新的活力。陶瓷作为一种民间的、富有韵味的工艺，制造于民、服务于民是它在现代社会中不同于封建社会新的意义。现代社会中人们不断地将文化韵味、大机器生产、手工业生产这三个看似不相关的方面不断地进行结合，在传承的基础上创新，在手工业生产技法的基础上进行工业化生产。这种奇妙的化学反应促进现代生活陶瓷在古代生活陶瓷那充满韵味的文化内涵上又增加现代社会中那一份新的趣味（图1-27）。

20世纪末至21世纪初的一段时间内，日用陶瓷已不像古代社会只作为日常器具使用。如果说在古代社会人们由于受到封建思想观念的影响和

图1-26 三彩釉陶九盏杯 唐代 巩义市博物馆藏

图1-27 陶艺茶具 现代 淄博陶瓷琉璃博物馆藏

限制，只能使用不带有任何装饰或者只做一定程度简易装饰的日用陶瓷器具。那么现代社会随着人们思维和思想的变化，对生活陶瓷增加了更多、更丰富的内容，也产生了新的文化现象。生活陶瓷不仅要具有实用价值，还需要有一定的艺术鉴赏性。在两者的共同作用下，日用陶瓷逐渐有了新的艺术价值，并形成新的审美特征。例如，一些家庭购买大量高级日用陶瓷作为家庭环境艺术的组成部分之一，只有在重大场合或者节日期间才会使用。由此可见，现代日用陶瓷的审美价值已经大于实用价值。

当然，除了审美鉴赏因素外，本质上日用陶瓷主要用于日常生活（图1-28），因此在生产应用的过程中，需要将实用性作为其中的主要设计目标。碗、盘子、汤匙以及锅等经常被应用在厨房中的生活陶瓷，由于在实际应用中与食物的接触较多，因此对生产流程具有较高的标准，必须符合相应的安全规定，才能够将其应用在实际生活中。另外，通过对日用陶瓷的颜色、形状展开调整，在提升美感的同时，增加日用陶瓷的实用性。

图1-28　青花套盘　明代　郏县博物馆藏

三、工业陶瓷

工业陶瓷，即工业生产用及工业产品用陶瓷，是精细陶瓷中的一类，这类陶瓷在应用中能发挥机械、热、化学等功能。由于工业陶瓷具有耐高温、耐腐蚀、耐磨损、耐冲刷等一系列优点，已成为传统工业改造、新兴产业和高新技术中必不可少的一种重要材料，在能源、航空航天、机械、汽车、电子、化工等领域具有十分广阔的应用前景。工业陶瓷的具体作用为利用耐腐蚀性、与生物酶接触化学稳定性好的特性来生产冶炼金属用坩埚、热交换器、生物材料，如人工膝关节，在建筑装饰、排水设备及家居设备中广泛使用，如地砖、陶管、马桶等（图1-29）。

图1-29　瓷板砖

（一）建筑陶瓷

建筑陶瓷泛指房屋、道路、排给水管道和庭园等各种建筑以及土木工程所使用的陶瓷制品等包括陶瓷面砖、彩色瓷粒、陶管等制品。按制品材质可分为粗陶、精陶、炻制和瓷质四类；按坯体烧结程度可分为多孔性、致密性以及带釉制品、不带釉制品。

在商代，我国先民就开始用陶管作为建筑物的地下排水道来使用，西周初期已经能烧制出几种形状的瓦片。战国时期，工匠开始制作精美的地砖、栅栏砖和滑槽砖，还出现了陶井等建筑陶瓷（图1-30）。秦汉时期的建筑陶瓷又向前迈出了一大步，无论是制品的内部、外部，都得到了巨大的提升。如汉代的画像砖，题材广泛，装饰独特。我们今天仍在日常生活、学习交流中使用的"秦砖汉瓦"一词就说明了这一时期建筑装饰的辉煌。用于建筑装饰的琉璃瓦始于北魏，盛于明清。今天，建筑陶瓷作为实用性和装饰性兼具的陶瓷器物仍然在现代社会建筑上广泛使用。

建筑陶瓷产品质量的好坏取决于所用材料及制作工艺。建筑陶瓷制品的共同特点是强度高、防潮防火性能优良、耐氧化腐蚀强度高、防冻结性能好、较易清洁等，同时具有较长的使用寿命和较低的使用成本，并具有丰富的艺术装饰效果和建筑装置趣味性。

20世纪90年代，中国建筑卫生陶瓷行业发展快速。1993年，中国已经成为世界上最大的建筑卫生陶瓷生产国、消费国和生产设备制造国。建筑陶瓷的门类全面、丰富，分为陶瓷砖、彩色陶瓷颗粒、陶瓷管、陶瓦。其中陶瓷砖又分为内墙面砖、外墙面砖、地板砖、陶瓷壁画砖（图1-31）；彩色陶瓷颗粒分为内部墙面装饰、外部墙面装饰、顶部装饰；陶瓷管分为陶制排水管、瓷质排污管、给水管等；陶瓦分为民用建筑瓦、观赏性建筑釉陶瓦。建筑所用陶瓷同样分为施釉及不施

图1-30　灰陶瓦筒管道　战国　三门峡市区出土　三门峡博物馆藏

图1-31　醴陵瓷谷

釉两种，其中不施釉陶瓷多为一次烧成，施釉陶瓷多为二次烧成。与此同时，随着现代科学技术的迅猛发展以及工艺技术的改进，推动建筑陶瓷产品的开发向着更好的方向不断发展。

（二）卫生陶瓷

卫生陶瓷是家庭卫生间、厨房和试验室等场所使用的带釉陶瓷制品，也称卫生洁具（图1-29）。按制品材质可分为熟料陶（吸水率小于18%）、精陶（吸水率小于12%）、半瓷（吸水率小于5%）和瓷（吸水率小于0.5%）四种卫生陶瓷制品，其中以瓷制材料制造的卫生陶瓷性能为最好。熟料陶用于制造立式小便器、浴盆等大型器具，其余三种用于制造中、小型器具。各国的卫生陶瓷根据其不同的使用环境条件，选用不同的材质进行制造。中国生产的卫生陶瓷产品多属于半瓷质和瓷质两种类型，有洗面器、便器、水箱、洗涤槽、浴盆、肥皂盒、卫生纸盒、毛巾架、梳妆台板、挂衣钩、化验槽等品类。每一品类又有许多形式，如洗面器，有台式、墙挂式和立柱式等；便器有坐式和蹲式，坐便器又按其排污方式有冲落式、虹吸式、喷射虹吸式、旋涡虹吸式等（图1-32）。

卫生陶瓷因其形状复杂，各国普遍用石膏模具浇注成型，中国一般采用架式管道压力注浆和真空回浆技术浇注成型，其他国家有用台式注浆成型机、传送带式注浆成型机、洗面器立式注浆成型机等器械进行浇注。对于形状和结构比较简单的产品，也有采用等静压和电泳成型等方法。

因卫生陶瓷需求量大，而一般卫生陶瓷制品的壁较厚重，用传统的热空干燥技法干燥坯体花费时间较长，故生产周期漫长，难以满足消费者日益增长的需求。因此，为了缩短坯体干燥时间，可以使用新型的热空气和微波干燥法，这种混合干燥法可以提高效率和坯体的品质。将空气加热和微波加热混合干燥进行有效结合，可以使卫生陶瓷坯体干燥均匀化、经济化，同时效率也可以大大提高。

在烧制方面，运用传统窑炉烧制耗时更久，并且无法保证产品质量。根据目前的实际应用的情况来看，世界上生产卫生陶瓷制品广泛使用的窑炉有隧道窑、辊道窑和梭式窑。前两种窑型是连续式作业的，而后一种窑型则是间歇式作业的。隧道窑和辊道窑均是隧道式窑炉，只是装载输送制

图1-32　卫生洁具　现代

品的装置不同而已。目前,在卫生陶瓷行业的大中型企业中,常以窑车式隧道窑作为主力窑型,隧道窑的产量最高,梭式窑生产最为灵活,辊道窑的烧成周期短、耗能最低,最适合产品的快速烧成。因此,综合各方面进行考虑,辊道窑将会成为今后快速烧成卫生陶瓷的发展方向。

(三)特种陶瓷

特种陶瓷是指具有特殊力学、物理或化学性能的陶瓷,普遍应用于各种现代工业和尖端科学技术领域,所用的原料和所需的生产工艺技术已与普通陶瓷有较大的不同和发展,有的国家称为精密陶瓷。特种陶瓷根据其性能特点及用途的不同,可细分为结构陶瓷、功能陶瓷和工具陶瓷。按其应用功能分类,大体可分为高强度、耐高温和复合结构陶瓷及电工电子功能陶瓷两大类。在陶瓷坯料中加入特别配方的无机材料,经过1360℃左右高温烧结成型,从而获得稳定可靠的防静电性能,成为一种新型特种陶瓷,通常具有一种或多种功能,如电、磁、光、热、声、化学、生物,以及压电、热电、电光、声光、磁光等功能(图1-33)。

特种陶瓷是20世纪发展起来的,在现代化生产和科学技术的推动和培育下,特种陶瓷的种类有巨大发展。尤其近二、三十年,新品种层出不穷,令人眼花缭乱。按照化学组成可划分为以下几种。

氧化物陶瓷:氧化铝、氧化锆、氧化镁、氧化钙、氧化铍、氧化锌、氧化钇、二氧化钛、二氧化钍、三氧化铀等;氮化物陶瓷:氮化硅、氮化铝、氮化硼、氮化铀等;碳化物陶瓷:碳化硅、碳化硼、碳化铀等;硼化物陶瓷:硼化锆、硼化镧等;硅化物陶瓷:二硅化钼等;氟化物陶瓷:氟化镁、氟化钙、三氟化镧;硫化物陶瓷:硫化锌、硫化铈等;砷化物陶瓷,硒化物陶瓷,碲化物陶瓷等。

除了主要由一种化合物构成的单相陶瓷外,还有由两种或两种以上的化合物构成的复合陶瓷。如由氧化铝和氧化镁结合而成的镁铝尖晶石陶瓷,由氮化硅和氧化铝结合而成的氧氮化硅铝陶瓷,由氧化铬、氧化镧和氧化钙结合而成的铬酸镧钙陶瓷,由氧化锆、氧化钛、氧化铅、氧化镧结合而成的锆钛酸铅镧陶瓷等。

此外,有在陶瓷中添加金属而生

图1-33 特种陶瓷

成的金属陶瓷，如氧化物基金属陶瓷，碳化物基金属陶瓷，硼化物基金属陶瓷等，此类陶瓷也是现代陶瓷中的重要品种。为改善陶瓷的脆性，在陶瓷基体中添加金属纤维和无机纤维，构成了纤维补强的陶瓷复合材料。金属陶瓷是陶瓷家族中最年轻但最有发展前途的一个分支。为生产、研究和学习上的方便，有时不按化学组成，而是根据陶瓷的性能，把它们分为高强度陶瓷、高温陶瓷、高韧性陶瓷、绝缘陶瓷、铁电陶瓷、压电陶瓷、电解质陶瓷、半导体陶瓷、电介质陶瓷、光学陶瓷（即透明陶瓷）、磁性瓷、耐酸陶瓷和生物陶瓷等。随着科学技术的发展，人们可以预期现代陶瓷将会更快地发展，产生更多、更新的品种（图1-34）。

图1-34　绝缘陶瓷组件

特种陶瓷不同的化学组成和组织结构决定了它不同的特殊性质和功能，如高强度、高硬度、高韧性、耐腐蚀、导电、绝缘、磁性、透光、半导体以及压电、光电、电光、声光、磁光等。由于性能特殊，这类陶瓷可作为工程结构材料和功能材料应用于机械、电子、化工、冶炼、能源、医学、激光、核反应、航天等方面。一些经济发达国家，如日本、美国和西欧国家，为了加速新技术革命，为新型产业的发展奠定物质基础，投入大量人力、物力和财力研究开发特种陶瓷，因此特种陶瓷的发展十分迅速，在技术上也有很大突破。特种陶瓷在现代工业技术，特别是高新技术领域中的地位日趋重要。

四、现代陶艺

现代陶艺是指在受近代艺术思潮影响下的艺术家们根据自己的精神追求和艺术理解所创作的现代风格的陶瓷作品。陶艺不能简单地理解为陶瓷艺术，它是在一个特定的文化背景下产生的特定的称谓（图1-35）。

陶艺是一种艺术形态，其制作的基本材料是土、水、火。创作者只有熟练掌握水土糅合的可塑性、流变性、成型方法以及烧制规律，才能促成陶艺形态的产生和演化，使陶瓷器物产生美的形式。同时注重造型与装饰的有机结合，通过作者敏锐的灵感和创新意识，捕捉并揭示泥土的塑性美、柔韧美以及表现活力，这样就出现了全新的陶艺形态，并不断发展、创新（图1-36）。

图1-35 刻瓷板 现代 尹平
淄博陶瓷琉璃博物馆藏

图1-36 木与陶 现代 黄国荣 淄博陶瓷琉璃博物馆藏

现代陶艺是从陶瓷艺术中衍生而来的一种纯粹的艺术形式，几乎完全摆脱传统陶艺功能性的束缚，其创作程序、审美标准也与传统陶艺存在诸多差异。首先，现代陶艺和传统陶艺在选材、工艺制作上存在着差异。现代陶艺注重作品的质地与个性，对材料选用方面，不如传统陶艺那般细致、完美。其制作工艺常常有意识地利用反技术的肌体缺陷，以强调作品的偶然性、随机性，尽量显露出手工制作的痕迹，以突出现代陶艺独特的美学风格。其次，两者在造型工艺上存在差异。传统艺术陶瓷强调作品的完整性、协调性，而现代陶艺更加注重作品的残缺美，不对称性、不可再创造性、唯一性等，都是现代陶艺创作者的艺术表达形式和语言（图1-37）。

现代陶艺在赋予其形式美感的同时不完全强调规整有序的对称，具体表现为有意地利用一些肌理、缺陷等，通过打破常规的方式造成形体扭曲变形，通过釉色的明暗、厚薄、脱落等手段带给人们另一种视觉审美的愉悦感。现代陶艺的诞生可以说将陶艺创作带入新纪元，

图1-37　瓷雕·披纱少女　现代　刘远长
淄博陶瓷琉璃博物馆藏

图1-38　陶艺少女　现代

从过去的实用与审美相结合走向纯粹的审美，并把残缺、粗糙、怪诞，抽象及非烧制的其他材料以一种新的观念、姿态、视觉符号引入由于时代的进步、观念的更替而产生的新的文化现象和行为方式。它往往以陶瓷材料作为媒介或与其他材料相结合的方式加以创作，强调审美认知思想、当代人文哲学，提倡不断更新的发展观念，关注人的情感、精神内涵与创作个性。

现代陶艺因其视觉形象的冲击力、形式感、装饰感在向着观念的多元化、审美视角的多向化发展。人们更多关注陶艺作品通过采取多种形式、多种表达与自己心灵情感相对应的语言形态（图1-38）。

现代陶艺的观念在20世纪80年代之前并没有传入中国。20世纪50年代至80年代，中国陶瓷的主流是陶瓷设计和工艺陶瓷设计，几乎没有现代陶艺发展的空间。20世纪80年代在文艺新思潮（即"85思潮"）的冲击下，1985年春在湖北省蕲春岚头矶窑区召开主题为"中国现代陶艺的发展"的全国首届陶艺家研讨会，标志着中国现代陶艺自觉意识的诞生。中国现代陶艺创作严格意义来说始于20世纪80年代，1978年随着中国改革开放，一批陶艺家通过学术交流、参加展览观赏作品、汲取现代观念等诸多方式进行了创作，尤其在与中国文化相结合所做出的努力也取得了不错成果。

在发展现代陶艺的道路上，无论是20世纪50~60年代的抽象表现主义风格、怪诞艺术风格、极限主义风格，还是20世纪70年代的超现实主义风格以及20世纪80年代的多元化和20世纪90年代的综合表现风格，都可以在不同风格的艺术家的作品中找到一些共性，即艺术家们不再去刻意模仿传统，而是更加大胆地通过泥土去传达自己的声音与个性，这是现代陶艺发展的一大趋势（图1-39）。

图1-39 陶艺 现代 淄博陶瓷琉璃博物馆藏

第三节 | 陶瓷之美

陶瓷与人们的生活息息相关，它是科学与艺术的结合体，既受到科学的制约，又具有一定的艺术形式，带给人们物质和精神的双重享受。中国的陶瓷是我国民族文化的重要组成部分，也是人类文明的标志。

瓷器源于夏商时代，成熟于东汉时期，由于制瓷原料和烧成条件比较复杂，又受到地域因素的限制，在瓷胎和瓷釉上呈现出多种多样的变化。在我国封建社会长达两千多年的历史长河中，由于封建王朝的更替，社会经济、社会制度、文化背景、生产技术等各方面的变化发展，以及中外文化交流，对外贸易扩大，政治、宗教、地域环境差异等错综复杂的因素，使陶瓷艺术不断发生新的变化，出现新的面貌。陶瓷的发展，既反映当时社会经济生活的需求，又体现统治阶级的思想意识，还要表达其为社会服务的功能。我们在研究陶瓷发展的演变过程时，仅从实用功能和艺术表现上去研究是不够的，还要深入中国古代的政治制度、礼仪规范、文化内涵等更深的层面上去研究探讨，才能找到陶瓷发展、演变的规律和原因。

一、造型美

瓷器产品和其他实用产品一样，其造型设计的发展与生活需求、审美风尚、制瓷工艺技术的发展有着直接联系。陶瓷的造型美可以说是由汉代陶瓷的烧制及发展为源头，从陶瓷器物的造型可以看出陶瓷造型美的发展历程。

汉代不仅各地区之间的经济、文化交流有很大的发展，且各族人民之间经过长久的交流和融合，为这一时期的艺术设计的发展和成熟奠定了基础。汉代陶瓷设计主要是各种饮食器、日用器皿和各种陶制明器为主，器形多数模仿铜器、漆器造型，大体上可分灰陶、硬陶、彩绘陶、釉陶和青瓷五大类，造型浑厚而饱满。除饮食器、日用器皿外，汉代陶塑也是体现汉代陶瓷造型美的典型代表。汉代陶塑主要作为"明器"使用，这种器物成为殉葬品的风气是由当时的社会制度与伦理观念所决定。汉代陶塑的题材非常广泛，除了战国时期所沿用的各种器皿外，还有用具、建筑、人物、动物等多种类型。陶仓楼形制宏大，有的制作精巧，还常常施以彩釉和彩绘，花纹应有尽有。在艺术方面的成就，主要表现出各种物象的真实性，形象生动简练（图1-40）。

魏晋时期器皿多放置于地，故而安上双耳或四耳满足其穿绳携带的实际需求，而唐代由于家具的数目和种类在日常生活不断增加，如桌子等家具的出现极大提高了人们的生活质量，人们也将陶瓷器安上把手方便直接提取，故而陶瓷器物上的耳也就没有存在的必要。另一个是造型形式的变化，汉代及魏晋时期多模拟动物，如羊形灯、熊形足、蛙形水盂、兽形虎子等（图1-41）；唐代则向植物发展，仿制成瓜形、花形等器型，如壶体做成棱形，盘和碗做成花瓣形等。

图1-40　陶仓　汉代　1984—1985年临淄
乙烯厂区出土　山东博物馆藏

图1-41　青釉瓷辟邪插座　西晋　徐州博物馆藏

唐代陶瓷造型上出现显著的变化，一是逐渐向实用化发展，陶瓷器物造型的改变反映人民生活方式的不断变化。造型为便于提取的要求从而增加颈部长度或安上把手；壶类则为更适于倒出液体的需求而加上壶嘴（图1-42）。

在这一时期，越窑青瓷的造型具有较为特别的艺术风格，其壶多为短嘴，有把手或大耳，除青瓷壶以外，双龙耳瓶、扁壶、凤首壶等器皿的造型都受到外来工艺和文化的影响，装饰上带有西亚地区的文化艺术风格。除越窑青瓷外，邢窑白瓷也是具有代表性的瓷器，其特点为在胎上涂上护胎釉，胎质厚而细洁，瓷质坚硬，器内满釉，外釉往往不到足，器形朴素大方，光洁不施纹饰，造型非常优美。

唐三彩制品可分为器皿、人物、动物三类。器皿主要为各种壶、杯、盘、盒、炉、奁、柜枕等，其样式新颖，色彩绚丽斑斓（图1-43）。人物造型有妇女、文官、武士、牵马俑、胡俑、天王等，不同三彩人物俑可以表现出不同身份、阶级人士的性格特征。贵妇面部圆胖，体态丰满，梳各式发髻，着彩缬服装；文官彬彬有礼，武士勇猛英俊，胡俑高鼻深目，天王怒目凶狠（图1-44）。

图1-42　白釉绿彩执壶　唐代　徐州博物馆藏

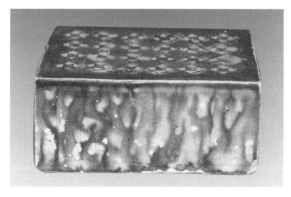

图1-43　三彩梅花枕　唐代　巩义市博物馆藏

图1-44　三彩人面镇墓兽　唐代
洛阳关林车圪垯出土　洛阳博物馆藏

动物造型有马、骆驼、狮、牛等，尤其是马的造型丰富生动，有的扬足飞奔，有的徘徊伫立，有的引颈嘶鸣，有的俯首舔足，为我国古代陶塑工艺发展的一个巅峰（图1-45）。

宋代瓷器的生产取得重大进步，达到顶峰，不仅在烧制技术上超越前代，而且在艺术设计的水准也堪称一绝。宋代制瓷业相当发达，产量和制造技术均比前朝有很大的提高，瓷窑遍布全国，各地瓷窑的器物造型、花纹及釉色设计均各具特色，形成富有个性的宋瓷风格（图1-46）。不仅有专供宫廷使用的官窑，还有大量供普通百姓使用的日用瓷器。南方生产的瓷器还从沿海地区源源不断地运往海外。从总体上看，宋瓷的造型以简练为主，各部位比例和尺寸都恰到好处，达到融会完美的状态。即使是异型瓷器，也都具有时代特色。

宋瓷的品类及适用面较前代有所拓展。随着宋代经济的复苏，人们的生活方式发生了很大变化，对于瓷器造型有新的需求。一方面为满足王公贵族起居收藏玩赏的瓷器作品，在造型和质量要求上不断更新发展；另一方面，日用陶瓷品种样式也不断创新。例如，史料记载各地高档的酒肆茶坊除悬挂名人字画外，还摆设精美的陶瓷器皿以招揽顾客。此外，宋代时东南亚的香料大量输入，为满足妇女盛放化妆品的需要，用瓷料制作的香料盒、脂粉盒等也随处可见。宋代还风行"斗茶"游戏，茶碗需求量大增，名贵瓷器不断涌现，尤以建窑黑釉兔毫盏为最有名（图1-47）。此外，由于考古学的兴起和以赵佶为首的统治阶级对花石的爱好，宋瓷中仿商周、秦汉青铜器中的尊、鼎、鬲、炉、壶等的造型，以及各种花盆、花洗样式随之产生。

图1-45 三彩牵驼俑 唐代 洛阳博物馆藏

图1-46 青釉瓷钵 宋代 洛阳市郊区李楼石霸村出土
洛阳博物馆藏

图1-47 黑釉兔毫盏 宋代 洛阳博物馆藏

这种供陈设观赏的"雅器"成为瓷器生产的一个新品种。

明代的陶瓷种类丰富，造型设计线形优美，器型端庄，造型语言较为丰富成熟，而且出现成套组系列化的设计。嘉靖年间创造出完整的成套组合系列化瓷器产品，此类陶瓷产品被称为"桌器"。成套桌器的设计特点，是根据一桌筵席所用餐具数量而设计，要求一套品种规格不同的造型，纹样和釉色风格完全统一。它解决了瓷器产品造型和装饰组合系列化设计这样一个重要的问题，从而更大程度满足人们的生活需要。明代青花作品属于官窑作品或是官窑风格的作品，其特点是器物造型规整严谨、用料考究、制作工艺精良、程式化，具有较高的水平。而为广大百姓生产瓷器的民窑，由于各方面条件都不如官窑，而朴实淳厚的民风民情又决定它们的审美情趣和需求，所以瓷器的造型趋于单纯稳健、粗犷有力、纯朴至性、不拘一格，以实用为主，造型简洁，厚实耐用（图1-48）。

受"桌器"出现和使用的影响，陶瓷造型逐渐出现两极分化的趋势，即一方面是器型非常小巧玲珑，瓷胎非常轻薄；另一方面是出现超大超高的大型器型，如梅瓶、坐墩、罐、缸等。明代青花瓷器趋于小巧主要是日益实用化的结果。这类造型所体现出的秀美灵巧风格与南方地区人们的精明而柔和的性格很吻合。而大型瓷器造型的出现则跟上层社会追求新的精神享受有直接关系。随着瓷器的普及，上层社会已经不再满足于仅把瓷器当作一般日用品，他们还把高档的瓷器作为祭祀用品或陈设欣赏品。生活需要决定一定器具的造型形式，如用于泡茶饮酒的壶必须有流、盖和把手，但人类生活方式的多样性和生活需要的多样性又要求造形设计必须是多样性的，即使是同一种功用的壶也可以产生众多造型不同的形式。在工艺中，影响造型的因素还有材料和工艺。众多的造型形式表现了人们审美创造的巨大才能和审美需求的多样性，同时这种不同材料创制的不同形式也为各种工艺材料的设计生产提供借鉴，如在陶瓷设计与生产中，匠师们常常仿漆、木、金属材料器物的样式创制新的作品（图1-49）。

图1-48 青花套盘 明代 郏县博物馆藏

图1-49 青花三足人物洗 清代 山东博物馆藏

　　清代在瓷器造型方面下宽上窄，体态饱满，故有多子之意；或瓶体上圆下方，以象征天圆地方之意。瓷器造型设计的成就是与制瓷工艺的进步分不开的。无论是造型小巧还是高大，还是成套组合系列化的产品，在制作和烧成时，都有相当的难度，没有先进娴熟的工艺基础是无法完成的。精湛的制瓷技艺和专业化的分工，使瓷器能够作为高质量的成品体现设计上的创新（图1-50）。

　　综上所述，陶瓷造型和装饰是陶瓷设计的灵魂，而陶瓷的功能效用又是陶瓷设计的基础。趣味性设计也主要是通过造型、装饰和功能体现。陶瓷通过造型获得自身的最终形态和外观。造型本身是产品视觉语言的媒介，从这种意义上说，设计一种产品就意味着设计一种产品语言，它以特有的语言形态传达出产品的精神内涵。造型的艺术表现力是人们获得认知和审美效应的依据。造型作为设计构思直接呈现在大众面前，成为沟通设计师与消费者或是艺术家与观赏者之间的桥梁。造型语言也是产品审美形态的直接构成物，造型的趣味性能唤起消费者一定的情感体验，营造出产品特有的情调和氛围，并指向一定的趣味性审美理想。造型的趣味性设计从视觉角度来说更能打动人，线形的长短、曲直的组合、体量的对比等组成造型的外观样式，它可以是几何体，也可以是抽象的、拟人的或夸张的，以此来传达产品的趣味性。陶瓷通过不同的造型引起人们的不同联想，形象的鲜明性是造型独特的表现（图1-51）。

图1-50　五彩人物花觚　清代　山东博物馆藏

图1-51　白釉彩绘猫枕　清代　山东博物馆藏

二、装饰美

按照设计学理论，产品的装饰设计，既起着美化造型、增强造型艺术感染力的作用，同时具有相对独立的欣赏价值。陶瓷的装饰设计是基于造型基础之上的，并能在一定程度上直观地改变产品的形象，装饰的审美性也体现了陶瓷的造型设计。装饰上的审美性要求色彩鲜艳明快，带给人们或幽默，或诙谐，或天真的情感，装饰设计也体现在纹样和色彩处理上的丰富多彩。在装饰纹样上，不仅有传统的二方连续或适合纹样，还要注入更多的趣味性装饰思维。在题材的选择上，部分作品采用写实的植物或动物（图1-52），进行满花装饰，使其在视觉上从众多的产品中脱颖而出。

汉代陶瓷艺术具有灵动之美，融合各民族、各地域的文化风情，既是华夏文明大融合的体现，又是中国文化发展的新开端期。汉人生活在现实和幻想的"双重世界"中。"罢黜百家，独尊儒术"是对人们现实的约束，崇尚黄老思想、强调羽化升仙、长生不老给汉代艺术带来一种浪漫气息，受其影响，博山炉、熏篮风气盛行（图1-53）。在陶瓷造型方面，陶塑的内容和艺术风格，也随之发生变化，更注重从总体上把握对象的精神内涵，注重传神之处的刻画、不拘细节的真实，强调动势和表情在形象塑造中的作用，表现出一种豪迈雄劲、飞扬流动的美学格调。如瓦当上的四神——青龙、白虎、朱雀、玄武代表着不同的方位，象征着宇宙四方和一年四季。

厚葬之风的盛行使彩绘陶兴盛，彩绘陶上描绘着人首兽身的形象，象征着神在云中遨游，引人升天。这些人和动物结合的形象是装饰题材从神

图1-52　青釉鳄鱼　三国　2003年鄂州市滨湖东路郭家细湾
15号墓出土　湖北省博物馆藏

图1-53　青釉熏篮与熏筒　三国　1956年武汉市武昌孟山
303号墓出土　湖北省博物馆藏

转向人的过渡，象征着为神装饰的时代即将走向终结，为人装饰的时代即将到来，即摆脱动物纹（神的象征）为主，走向以植物纹为主的时代。汉代彩绘陶的装饰主要有几何纹、人物、动物等题材，色彩更加丰富，除红、黄、黑、白等颜色外，还出现了橙、青、绿、灰、褐等色彩（图1-54）；陶瓷的装饰方法更是丰富多彩，有压印、刻花、堆贴、塑饰、雕镂、釉彩等多种方式。其装饰花纹有铺首、朱雀、辟邪、仙佛、莲花、忍冬、联珠纹、网纹、菱格纹、波浪纹等，最具时代特色的是莲花纹和忍冬纹。莲花纹在瓷器上的装饰，早期采用深刻划，晚期用浅浮雕的手法。忍冬纹比较清瘦和程式化，一般为三个叶片和一个叶片相对排列，但变化多种多样，有单叶、双叶，也有两叶顺向和两叶相背形式。

图1-54 彩绘陶盆 西汉 徐州博物馆藏

唐代国力强盛，审美趣味趋向雍容华贵、矫健奔放、热闹富丽。唐三彩、斑釉、绞胎、绞釉装饰，是符合社会主流审美情趣，表现出激扬慷慨、瑰丽多姿、壮阔奇纵的格调，这正是唐代那种国威远播、辉煌壮丽、热情焕发的时代之音的生动再现。这种强调釉色变化的装饰看似与花卉无关（没有直接用花卉作题材），但从广义上讲，这种丰富多彩的釉色之美似乎可以看作"写意"的花卉，具有"花"的抽象化意趣（图1-55）。如越窑青瓷早期着重类玉类冰的釉色之美，中晚唐以后除注重釉色外，也转向以刻划花装饰为重点，有刻花、划花、印花、堆贴等多种。题材十分广泛，有狮子、鸾凤、鹦鹉、飞雁、龙水、双鱼、牡丹、莲花、卷草以及山水等纹样。五代时期越窑青瓷刻划花装饰已达到相当高的程度。长沙窑开创中国陶瓷釉下彩绘，文字装饰的风气之先河，除外国女郎、波斯情侣、婴戏等人物纹样外，也有大量的花、草、鸟禽、文字作为装饰题材。这不仅与人们寄情于山水、花鸟的生活情趣有关，而且与唐代花鸟画的独立成科是分不开的（图1-56）。绞胎和绞釉是用几种不同

图1-55 三彩凤首壶 唐代 西安博物院藏

图1-56 白釉"春水"诗词壶 1983年长沙窑址出土
湖南省博物馆藏

的泥色和釉色，搅拌制成纹理斑驳的自然形线纹，这更是一种巧妙的创造。鲁山花釉瓷，在黑釉的基础上点上白斑，在高温烧制下产生自然流动，釉色呈现出像彩霞、浮云、树叶一类形状的光泽彩斑，形态简朴自然，深为民间所喜爱（图1-57）。

唐代装饰艺术自从进入高度成熟的黄金时代，清新活泼、富丽丰满的艺术风格就广为流传。唐代陶瓷装饰更加丰富多彩，有印花、划花、洒花、堆贴、釉下彩、绞釉和绞胎等。印花是用陶模印出花纹，划花是用工具刻划出装饰花

图1-57 花瓷执壶 唐代 洛阳博物馆藏

纹，洒花是用不同的釉彩洒出各种自然斑纹，堆贴是唐代最流行的一种装饰手法，在器物上堆贴草、人物、塔等各种纹饰，形成浮雕效果。总之，唐代陶瓷装饰中花草植物纹样应用得相当普遍，为陶瓷装饰的发展奠定了基础。

宋代文人士大夫登上政治舞台，文官政治虽然使宋代社会出现积弱不振的状况，却使文化艺术的发展达到了高峰。文人士大夫的注意力不仅倾注于文房四宝，对于日用器物，尤其是书房几案的摆设也予以极大的关注。自六朝隋唐时起，文士注意文具的同时也开始考究周围的生活陈设，文房清玩之风日趋强烈。此风至宋代已非常普遍，中晚明则大盛。无论品茗、论香，抑或抚琴、赏花，皆有沉迷其中的名家。陶瓷遂成为文人赏鉴的对象，这无疑对宋代陶瓷的发展起到了极大的促进作用。

宋代瓷器无论在造型还是装饰方面都体现出宋代理学和禅宗思想，崇尚简约淡泊、自然朴实的审美情趣。单色静敛的青瓷，本地刻划花的白瓷都透出一种隽永含蓄之美。装饰题材以花卉植物常见，无论是刻花、划花、印花、彩绘都体现出高超的工艺技巧。官窑和民窑着重表现花卉题材，是陶瓷装饰上花卉植物纹样达到的一次顶峰。宋代瓷器更加追求造型和质地之美，推崇"素肌玉骨"，作为瓷器审美的典范、崇尚沉幽古雅，故多厚釉。如清凉寺汝官窑生产的宫廷用瓷（图1-58）。民间瓷窑物质和经济条件不及官窑，侧重于装饰，此类以当阳峪窑、定窑、耀州窑的刻剔划花为代表。从纹样取材方面可以看出，宋瓷装饰纹样的题材更加广泛，宗教意识淡薄，吉祥意味增强。莲花突破佛教教义的束缚，或与鱼鸭一起自然成趣，或与婴儿一起构成莲生贵子的美好寓意，牡丹作为富贵之花流行南北，龙凤似乎已为宫廷所专用。风俗、故事、诗词等也开始作为陶瓷的装饰题材（图1-59）。

北宋瓷器早期多素地，晚期多装饰精美的花纹纹饰，有莲、菊、牡丹、石榴、飞凤、云龙、鸳鸯、游鱼、萱草等，花纹严谨而繁密，装饰技法有印花、刻花、划花等。图案布局严谨整齐，大盘中心，多系莲花和鲤鱼，四围辅以牡丹、飞凤、萱草，配置成一幅极为繁缛的

图1-58　汝窑淡天青釉弦纹三足樽式炉　宋代
故宫博物院藏

图1-59　青釉刻花菊花纹碗　宋代　耀州窑博物馆藏

图案，通体格调统一而具有和谐之美。刻划花纹与印花的处理迥然不同，但在布局方面也是主次分明，简洁有力，花纹有缠枝花或折枝花。以篦状工具划刻出有斜度的凹线，组成各种非常生动的画面，如水纹的旋转波折，游鱼的浮沉跃动，处处表现出当时制瓷工匠的卓越技巧。大型碗的外壁刻划莲花瓣，里面刻划简单的花卉，气韵浑厚；大型刻花瓶腹部主体图案是两朵莲花，疏落有致，底部刻划蕉叶纹。这些瓷器在装饰构图上又体现着现代设计中的简单与复杂，比例与尺度等形式美规律（图1-60）。

元代以后青花瓷的制作，除关注工艺技术水平的提高带来瓷器装饰的变化外，重要的是必须重视中国绘画对瓷器作品的装饰作用（图1-61）。

明代许多皇帝擅长绘画，所以让绘画内容反映在官窑瓷器装饰上。宣德青花沉静典雅，图案布置疏密有致。成化斗彩更是"设色浅淡，颇画意"，这与明代浙派衰落，吴门画派的兴起有一定关系。沈周的"没骨"画法影响当时宫廷画家林良、吕纪，瓷器装饰的样稿又是由画家设计，瓷器装饰受绘画的影响自然是不争的事实。

青花瓷器的装饰设计以釉下彩的青花、釉上彩的斗彩和五彩等瓷器最有特色。而明代青花瓷器的装饰设计成就可以说是具有广泛丰富的装饰题材、疏密有致的装饰构成、蓝白相映的色调韵味。而官窑青花和民窑青花则具有迥然不同的审美情趣。明代青花的装饰题材，不

图1-60 青釉刻花执壶 宋代 耀州窑博物馆藏   图1-61 青花云龙纹玉壶春瓶 明代
河南博物院藏

论是动物、植物、人物，还是几何纹样、吉祥图案和文字图案，都非常广泛丰富，既有龙、凤、麒麟纹样，又有狮子、鸳鸯、孔雀、鱼等自然界中的动物纹样。植物纹样比较常见的有牡丹、菊花、莲花、松、竹、梅等。人物纹样有戏曲人物故事、胡人舞乐、婴戏等。八宝纹等原本充满道教、佛教色彩的符号，明代已经演变为世俗化的吉祥图案。"福""寿"之类的文字图案和以阿拉伯文、梵文做装饰的图案，在明代也较流行（图1-62）。

明代青花的装饰设计，具有疏密有致的装饰构成和程式化较强的纹样变形。明代青花的构图，很少见到非常繁密或留有很大空白的情况，其画面的构成大都疏密有致，或密而不繁，或疏而不空，主次分明、虚实相生。蓝白相映，蓝的浓郁，白的纯洁是明代青花装饰设计的又一独到之处。青花是应用钴料在白瓷胎上描绘纹饰，再上透明釉，最后在高温中烧成，其烧制完成后呈现蓝色的色调。青色，即蓝色，是一种自然明快而变化微妙的颜色。同是蓝色，还有湖蓝、孔雀蓝、钴蓝、深蓝、群青、普蓝等，给人的美感也各不相同。

永乐、宣德年间青花使用"苏麻离青"这种低锰高铁进口青料，烧成后蓝色浓而不艳，鲜而不飘，蓝白相映，既清新明快，又沉稳典雅。尤其在运笔描绘的过程中，凡是笔触稍有停顿的地方，青色会积淀成深色的斑点，形成类似中国水墨画中浓墨点化淡墨的艺术效果，淡中有浓，浓中更浓，自然天成，让人赞不绝口。

明代青花中官窑青花和民窑青花有着迥然不同的审美情趣，形成明代青花装饰设计的又一特色。明代青花瓷器的官窑作品装饰风格细致，而民窑的产品纹饰取材十分广泛，描绘自由洒脱，笔墨疏简而意境深远。这一时期青花瓷器既融合中国画的写意笔法，又独具装饰性的表现形式，形成青花瓷器装饰特有的艺术语言和风格。官窑青花属于绘瓷高手遵照官方之命设计的精心之作，在高档的白瓷上使用高档的进口颜料进行描绘，装饰设计的风格自然精致细腻。因此官窑青花给人一种精细雅致的审美情趣，迎合达官贵人们的审美心理。而民窑青花为民间普通艺人所描绘，使用低档的颜料和简单的工具进行描绘，往往在草草数笔之间体现豪放、粗犷、活泼的审美情趣（图1-63）。

图1-62 青花"八思巴文"碗 明代
河南博物院藏

图1-63 青花红绿彩枕 明代 山东博物馆藏

清代的瓷器装饰无论是画法还是题材都能与同时期的画风相称，许多作品甚至是当时绘画的翻版。《陶雅》载："康窑山水似王石谷，雍窑花卉似恽南田；康窑人物似陈老莲，道光窑人物似改七芗。"可见清代瓷器与清代绘画之间的密切关系，即五彩、粉彩和珐琅彩都是绘画在瓷器上的再现。由于绘画与明清瓷器装饰的关系太近，以至于有学者认为清代完全专注于绘画在瓷器上的表现，反而疏忽了陶瓷本身的优雅性。因此，明清的瓷器装饰题材更趋向世俗化，更加繁杂，这一点通过陶瓷装饰题材中的花草虫鱼、人物故事、吉祥用语等都能得到较好的体现，表现出市民阶层的审美趣味。但无论怎样，这些题材表现在陶瓷上的方式，与当时的绘画形式是一致的，并占据明清陶瓷装饰的主导地位。

康熙时期古彩盛行，又称"康熙五彩"，发明釉上蓝彩以取代明代的釉下青花，并将黑彩也用在釉上装饰，成为一种纯粹用釉上彩料绘制的彩瓷。五彩笔力劲健，线条挺拔，色彩厚实、浓烈。粉彩是在白瓷上用"玻璃白"打底，或在彩料中加铅粉晕染绘画，设色上富有浓淡、深浅、强弱的变化，色调丰富润泽，笔力精细工整（图1-64）。

雍正时期的粉彩温润柔丽、淡雅宜人。珐琅彩瓷胎白薄润，有的周身布满复杂的纹饰，有的追求立体效果，画工极为细腻美艳，装饰题材有花鸟、人物、罗汉、婴戏、八宝等，是宫廷贵族专用的奢侈品。

乾隆时期仿烧宋代汝窑超汝、仿钧超钧，达到有过之而无不及的地步。汝窑、官窑、哥窑器物都以"开片"见长，"开片"本无规律可循，当时的匠师可以准确无误地表现出各个名窑的特征，仿钧釉更能把"窑变"釉色随心所欲地表现出来。清代中期，瓷器胎质细洁，釉质晶莹纯净，造型丰富，色彩绚丽，镂雕精工，这时期的装饰追求细致繁复，出现玲珑剔透的转心瓶，有些瓷器专门仿竹、木、青铜、雕漆及花果昆虫，几乎可以以假乱真，达到巧夺天工的境界（图1-65）。

晚清由于西洋画的传入，陶瓷装饰吸收西洋画的明暗画法，有西洋人物绘画的风格，这是清代陶瓷装饰的新面貌。明清时期的民窑大多追官窑风尚，有些

图1-64 釉里红三彩 清代（康熙） 山东博物馆藏

产品的艺术性甚至超过官窑的水平，许多民窑瓷器装饰没有太多约束，画工在瓷器上可以任意挥洒，描绘的形象生动自然，具有较高的艺术价值（图1-66）。

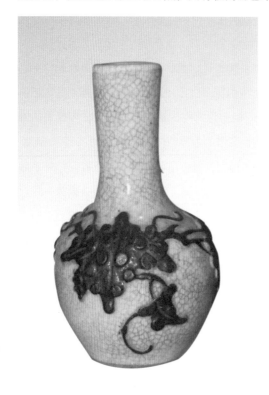

图1-65　仿哥釉黑梅花瓶　清代　康百万庄园旧藏　　　图1-66　粉彩云龙盖豆　清代（光绪）　山东博物馆藏
巩义市博物馆藏

三、釉色美

汉代是中国陶瓷历史上的一个重要转折点。汉代的制瓷业相较前代有了很大的发展，汉王朝时东南一带窑场密布，陶车拉胚成型替代了泥条盘筑法，使瓷胚制作更加精细。釉料也有很大改进，釉层明显加厚，光泽强，玻化好，胎釉结合紧密。明器当中的壶、尊、盆、罐之类器皿，一般都在素坯之外敷设一层粉彩，并不与胎体相融，稍摩擦便脱落。小型生活场景模型，外表都施加绿色低温铅釉，这种铅釉的有毒性特性已被当时人们所知晓，所以在日常生活用品中并不使用（图1-67）。

始于南北朝时期"南青北白"的瓷业布局，到唐代形成较为明显而固定的局面。从南北朝到唐代这一阶段，我国古代制瓷艺术逐步形成青釉和白釉两个大的系统，它们在后世分别沿着不同的方向发展。唐代白瓷烧制已经进入成熟期，中晚期已成为一个独立体系，与青瓷分庭抗礼。当时北方烧造白瓷的区域非常广泛，如河南巩义窑、河北邢窑等（图1-68）。它与南方越州出产的青瓷交相辉映，形成中国陶瓷史上南北两大发展体系。唐代陆羽在他的《茶经》中用"类银""类雪"来形容邢窑白瓷的釉色，可见其胎、釉的白度已相当成熟（图1-69）。

图1-67 绿釉陶楼 西汉 河南博物院藏

图1-68 白釉竹编四系罐 唐代 1979年陕西省西安市长安区凤栖原出土 西安博物院藏

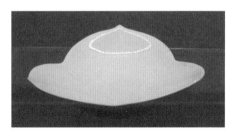

图1-69 白釉三叶盏 唐代 西安博物院藏

　　唐代已经可以生产釉下彩瓷器，这已是不争的事实。当时的长沙窑，是我国最早制作釉下彩瓷的地区之一。长沙窑釉下彩装饰以斑点彩饰为主，在青釉瓷器上以褐彩或蓝绿彩料点绘成花草纹样。褐色彩料是以含铁量高的矿物原料为色料，蓝绿彩料是以含氧化铜的矿物原料作色料。初唐的三彩器以褐赭黄色为主，间以白色或绿色釉，采用蘸釉法，施釉较草率，釉层偏厚，流釉或烛泪状，釉层没有完全烧开，色泽暗淡。盛唐时期，三彩工艺明显进步，在器型品种上，除了器皿外，出现大量生动的三彩人俑。这时的三彩釉色润莹，赋彩自然，采用混釉技法，器皿多为内外满釉，色彩有绿、黄、白、蓝、黑等。晚唐三彩多为小件，趋于单彩釉，而且釉面单薄，脱落剥蚀现象严重。

图1-70　钧釉红斑碗　元代　禹州钧官窑窑址博物馆藏

图1-71　官瓷洗　宋代　天津博物馆藏

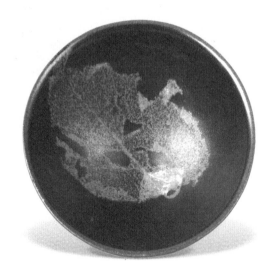

图1-72　黑釉木叶盏　南宋　1996年江西省上饶电厂南宋
开禧二年（1206年）墓出土　上饶市博物馆藏

宋代陶瓷釉色丰富多彩。有定窑、景德镇窑的白瓷，有汝窑、耀州窑、龙泉窑的青瓷，有建窑、吉州窑的黑瓷，有钧窑的窑变釉瓷等（图1-70）。此外还有介于青白之间的青白瓷（又称影青）及宋三彩等。宋代青瓷釉色浑厚华润，如美玉和翡翠，这是官窑和龙泉窑匠师们的作品。另外，宋代官窑和哥窑的陶工还在胎体中加入适量的富含氧化铁的紫金土，形成灰黑色的胎体，映衬出柔和与莹澈的釉面。同时，借助烧制后期窑内二次氧化作用，使釉层较薄的器口或未被釉层遮盖的器底部分，形成颇具魅力的"紫口铁足"，从而使整个青釉器显得更加古朴沉淀、庄重凝厚（图1-71）。

宋代彩绘瓷有着自然天成的美学韵味，这是采用先进的工艺和技术烧制而成的，色釉波粼粼，如蓝天披霞般美丽。宋代建窑和吉州窑烧制的黑釉木叶盏，则呈现出浑然天成的艺术格调（图1-72）。在烧制过程中通过渗透、扩散、析品、析晶、液相分离等一系列物理、化学过程，冷却后就能在釉面上形成千姿百态的色调、多变的各种斑点和流纹，美韵动人，妙不可言。龙泉窑的瓷釉厚润，釉色苍翠，北宋时多粉青色，南宋时为翠青色，没有开片，在器皿的转折处，往往露出胎的色泽，这种现象被称为"出筋"。

明清陶瓷在传承宋代陶瓷全面发展的基础上又迈向一个高峰。景德镇成为瓷都，宜兴成为陶都，这两个陶瓷基地的地位在历史的发展中日益突出。明、清都在景德镇设立官窑，集中人才，不惜工本，向高精度发展，促使景德镇瓷器不断增加新品种和提高产品质量，并带动民窑发展（图1-73）。

明清瓷器在继承历代的基础上不断有新的发展和创新，在釉饰上主要有斗彩、珐琅彩、粉彩、五彩等彩瓷。釉上彩是明代瓷器装饰设计的一种新的表现手法，也是瓷器装饰设计的一个重大突破。在瓷器表面上进行釉上彩绘，是瓷器装饰发展的必然结果。景德镇在吸收前代工艺技术的基础上，加以综合、改进和提高，并对釉上彩的配方做了改革，把釉上彩和釉下彩结合起来，成功创造出独具特色的斗彩，继而创造出色彩更加丰富、更加鲜艳夺目的五彩（图1-74）。

明代制瓷技术的最大成就是高质量白釉的烧成，由于釉料中氧化铝和二氧化硅比例适当，其釉色纯白如奶、晶莹明亮。高质量白釉的创烧为颜色釉和彩瓷的发展创造了条件。颜色釉中突出的是单色釉，比前代更加丰富多彩。明永乐时创造的红沉鲜润的祭红釉特别名贵，也称鲜红，属高温青铜红釉。清代重视单色釉，种类甚多，如康熙时的猩红、初凝牛血的郎窑红（宝石红）和掺有绿苔点的豇豆红均成为名窑产品（图1-75）。

明代彩瓷主要是先在胎坯上画好图案，再上釉烧造的釉下彩瓷器，景德镇的青花瓷就是釉下彩发展的最高阶段。青花瓷以其胎釉洁润、色泽浓淡相间、层次丰富、极富中国水墨画情趣、色彩深入胎骨经久不变等优点，成为瓷器中的主流，历经600年不衰。

清代彩瓷向釉上彩方向不断发展，五彩、粉彩、珐琅彩名闻内外。康熙时期单色釉发展很快，并引进国外彩料，创制珐琅彩，为粉彩发展奠定

图1-73 五彩花卉罐 明代 山东博物馆藏

图1-74 斗彩莲池鸳鸯纹盘 明代
1988年江西省景德镇明清御窑遗址出土
景德镇市陶瓷考古研究所藏

图1-75 红釉瓶 清代 山东博物馆藏

基础（图1-76）。清早期康熙、雍正、乾隆三代非常重视制瓷业，雍正重奖制瓷工匠，乾隆更酷爱瓷器精品，促使制瓷业工艺水平和产量都达到了历史上的高峰，堪称中国制瓷史上的黄金时代。

图1-76　霁蓝盘　清代（乾隆款）　1930年开封相国寺移交　河南博物院藏

第二章

陶瓷原材料制备

陶瓷原材料的不同决定着不同的陶瓷类型和陶瓷品种。如陶器的制作需要陶土、黏土，瓷器的制作需要瓷土，钧瓷釉料的配置需要长石、方解石、玛瑙石等天然矿石，汝瓷釉料的配置需要长石、石英、滑石、玛瑙石等天然矿石。可以看出，陶瓷原材料对于陶瓷的制作至关重要。

第一节 | 陶瓷原料及分布

陶瓷生产原料包括陶瓷黏土、瓷石、着色剂等原料。我国陶瓷原料资源十分丰富，陶瓷原料矿点分布遍及全国各省、市、自治区。我国制瓷人士及企业在长期的开发利用实践中，积累了丰富的经验。

一、黏土

黏土是一种含水铝硅酸盐矿物，按照应用来分，可分为陶土、高岭土和瓷土；按照矿物种类来分，可分为高岭石、蒙脱石、伊利石、水铝英石、蛭石等。黏土由长石类岩石经过长期风化与地质作用而形成。它是多种微细矿物的混合体，主要化学组成分为二氧化硅、三氧化二铝和结晶水，同时含有少量碱金属、碱上金属氧化物和着色氧化物等。黏土具有独特的可塑性和结合性，加水膨润后可捏练成泥团，塑造所需要的形状，经焙烧后变得坚硬致密。这种物理特性构成陶瓷制作的工艺基础。作为可塑性陶瓷原料的黏土，可用于陶瓷坯体、釉色、色料等配方（图2-1）。

图2-1　瓷土原料

（一）陶土

陶土是指含有铁质而带黄褐色、灰白色、红紫色等色调，具有良好可塑性的黏土。矿物成分由高岭石、水白云母、蒙脱石、长石等原料组成，其颗粒大小不一致，常含砂粒、粉砂和黏土等物质。陶土加水后具有可塑性，因而仅用于陶器制造。陶土主要用作烧制外墙、地砖、陶器具等。陶土具有抗冻融性能良好、透气性能高、吸音能力良好等作用。陶土的储量中以新疆为最，仅塔什库尔干一地陶土矿储量就达到1.7亿吨。另外还有吉林、江苏、江西等省集中了全国75%的陶土储量。

（二）高岭土

高岭土也称瓷土，是一种主要由高岭石组成的陶瓷原料。因首先发现于江西省景德镇东北方高岭村而得名。它的化学成分为氧化铝、二氧化硅、水并含有少量氧化铁、氧化钛、氧化钙、氧化镁、氧化钾和氧化钠等化学元素。纯净的高岭土为致密或疏松的块状，外观呈白色、浅灰色，被其他杂质污染时，可呈黑褐、粉红、米黄色等。具有滑腻感，易用手捏成粉末，可塑性能和结合性能均较高，煅烧后颜色洁白、耐火度高，是一种优良的制瓷原料，高岭土原料除了用于生产陶瓷产品外，还被广泛应用于造纸工业以及建筑材料中涂料的填料等领域（图2-2）。

图2-2 高岭土 醴陵陶瓷博物馆藏

根据《陶瓷》一刊中《我国陶瓷原料区域分布概况》可知，全国已经探明的陶瓷黏土矿床达到180余处。其中高岭土矿床，湖南占全国的29%，其次有江苏、广东、江西、辽宁、福建等省，探明储存量均达到1000万吨以上。福建省龙岩市有目前我国最大的高岭土矿，其储量高达5400万吨。

黏土是陶瓷生产的基础原料，在自然界中分布广泛，蕴藏量大，种类繁多，是一种宝贵的天然资源。

图2-3 瓷土 宝丰汝窑博物馆藏

图2-4 青花人物瓶 清代 商丘博物馆藏

（三）瓷土

瓷石也是制作瓷器的原料，是一种由石英、绢云母为主，并有若干长石、高岭土等物质组成的陶瓷原材料（图2-3）。其外观呈致密块状，色彩为白色、灰白色、黄白色和灰绿色，有的呈玻璃光泽，有的呈土状光泽，断面常呈贝壳状，无明显纹理。瓷石本身含有构成瓷的多种成分，并具有制瓷工艺与烧成所需要的性能。我国很早就利用瓷石来制作瓷器，尤其是江西、湖南、福建等地的传统细瓷生产中，均以瓷石作为主要原料。瓷石的储量以江西和湖南最多，湖南省醴陵市马泥沟的储量达到1亿吨。瓷石属于石质类，高岭土属于土质类，这是二者的区别。

二、着色剂

陶瓷着色剂存在于陶瓷胎、釉中起发色的作用。常见着色剂有三氧化二铁、氧化铜、氧化钴、氧化锰、二氧化钛等，分别呈现红、绿、蓝、紫、黄等色。如青花料是绘制青花瓷的原料，即钴土矿物。我国青花料蕴藏较为丰富，江西的乐平、上高、上饶、丰城、赣州，浙江的江山，云南的宜良、会泽、榕峰、宣威、嵩明等市县以及广西、广东、福建、山西等省市均有钴土矿蕴藏。古代青花瓷使用的青花料一部分来自国外，大部分属国产。进口料中有苏麻离青、回青，国产料有石子青、平等青、浙料、珠明料等。使用原材料不同，呈现的釉色也不一样，北方地区烧制的青花瓷发灰，不够亮丽（图2-4）。

现在多用化学氧化物为着色剂加入釉料使用（图2-5）。

三、熔剂

熔剂通常指降低陶瓷坯釉烧成温度，促进产品烧结的原材料。陶瓷工业常用的熔剂原料有长石（图2-6）、钾长石、钠长石、方解石、白云石、滑石、堇石、含锂矿物等。我国长石资源分布于江西、湖南、福建、广西、广东、河南、河北、辽宁、内蒙古等省份。烧成

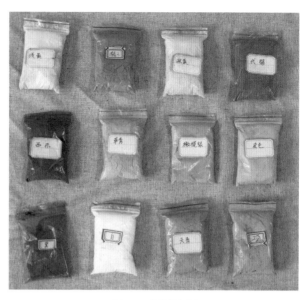

图2-5 化学着色剂

前长石属手非可塑性原料，可以减少坯体收缩与变形，提高干坯强度。长石是坯釉的熔剂原料，在坯体中占有25%的含量，在釉料中占50%的含量。长石的主要作用是降低烧成温度，在烧成中长石熔融玻璃可以填充坯体颗粒间空隙，并促进熔融其他矿物原料。长石原料还可以使坯体质地致密，提高陶瓷制品的机械强度、电气性能与半透明度。在各种陶瓷产品中，长石是一种不可缺少的常用陶瓷原料。

碳酸盐类熔剂原料作为主要的陶瓷熔剂原料，品种非常多。它们有碳酸钙、方解石、大理石、白云石、菱镁矿、碳酸镁、石灰岩等。碳酸盐类熔剂原料在我国分布很广，如方解石、石灰石，我国各地均有出产。石灰岩分布在北方地区的河北、内蒙古、山西、陕西与西南地区的四川、云南、广西、贵州等地，方解石分布在湖北咸丰、江西萍乡与景德镇、湖南湘潭等市县，菱镁矿分布在辽宁海城与营口等市县，储量占全国80%以上，约为世界产量的四分之一。

此外山东、河北、四川、甘肃、西藏、青海都出产菱镁矿原料。碳酸盐类熔剂原料的主要成分碳酸钙在陶瓷坯釉料中主要是发挥熔剂作用。特别是陶瓷瓷砖中使用石灰石、方解石、大理石，其用量在5%~15%，用于釉料中具有增加釉的硬度与耐磨度、增加釉的抗腐蚀性、降低釉的高温黏度与增加釉的光泽度等优点。碳酸盐类熔剂原料在建筑卫生陶瓷产品中广泛使用。

镁硅酸盐类原料产地有辽宁、山东、内蒙古、广西、湖南、云南等地。该类原料主要有滑石、蛇纹石及镁橄榄石。滑石在陶瓷工业中用途范围很广，可以生产白度高、透明度好的高档日用陶瓷产品、电瓷及特种陶瓷制品。建筑卫生陶瓷坯料中加入滑石后，可以降低烧成

图2-6 长石

温度、扩大烧成范围、提高产品的半透明与热稳定性。滑石加入釉料中时能够防止釉面的开裂，增加釉料的乳浊性，并能扩大釉料的烧成范用，提高成品率。此外还有广东的黄石、霞石、锆石英，新疆的含锂矿物，东北地区的透辉石，遍布全国许多地区的硅灰石及磷酸盐类原料等，在我国的储量均非常丰富，许多原料可供使用上千年或上万年。这一资源优势既能够为继续推动我国陶瓷产业的发展打下基础，又为我国发展陶瓷原料大批量出口，创造了丰厚的条件。

第二节 | 原料开采与加工设备

陶瓷的品质与原材料关系密切。陶器采用一般黄土、河流沉淀泥土就可制作；瓷器需要黏土、瓷土、高岭土，这些原料的分布比较广，虽然瓷土与高岭土的矿物成分不同、成因不同，但两者在开采和加工方法上基本相同。当然，釉料同属矿石类物质，如石英、长石、金属矿等，其开采方式同瓷土是基本相同的。

一、瓷石开采与加工

瓷土矿这一资源在中国的广大地区均有分布，但不同地区的瓷土矿分布情况多有不同，北方的瓷土矿多带状分布，形成一条狭长的矿带（图2-7）。南方的瓷土矿多为集中式分布，形成多点状不规则分布的矿区。不同地区的窑口、企业根据生产需求选择并采集原料进行陶瓷生产。

窑口、企业采集到的陶瓷原材料需要进行粗加工，北方多用石碾（图2-8），南方多用水碾、水舂（图2-9）进行加工。南方还利用水车加工原材料，充分借助了自然动力进行沉重且耗时的基础劳动。水车依河流而建，既保证了生产用水，还利用了水的推力进行劳动。

在利用工具对陶瓷原材料进行加工的同时，采集的原料要储存到料场风吹雨淋才好用，通过水流的侵蚀及加速自然风化程度使矿石达到理想的破碎效果，减少人力、财力、物力的

图2-7 陶瓷原料

图2-8 石碾

图2-9 水舂

支出，并根据风化程度细微调整比例，以达到最终的理想效果（图2-10）。

如今，机械器具普遍发达对于陶瓷原材料的初次粗加工提供了更高的效率。根据不同材料选用合适的破碎机，使其能达到合适的大小，从而进行下一步的加工。

图2-10 泥料风化

二、机械设备

陶瓷坯料通常由多种成分组成，并且各种成分在黏度、硬度、强度等主要物理性能方面都不一样。瘠性原料（如石英砂、长石、伟晶岩、熟料等）由于其硬度和强度较高，进行研磨时能耗很大。随着科技的发展，各个窑口、企业开始使用各种破碎机粗磨（破碎），而后用球磨机细磨。

（一）破碎机

破碎机是陶瓷原材料初步加工所采用的机械设备，根据矿石的大小、软硬程度选择不同

图2-11　颚式破碎机

图2-12　球磨机

图2-13　球磨罐

大小、作用的破碎机，如回旋式破碎机、颚式破碎机（图2-11）、液压圆锥破碎机等。经过破碎机的开解，随着原料状态的不断变化，球磨机的类型可以由大型破碎机逐步转为小型破碎机，使原料达到理想的状态，方可进行球磨操作。

（二）球磨机

球磨机（图2-12）是物料被破碎之后，再进行粉碎的关键设备。球磨机是工业生产中广泛使用的高细磨机械之一，其种类有很多，如手球磨机、卧式球磨机、陶瓷球磨机、球磨机轴瓦、节能球磨机、搪瓷球磨机等。

球磨机适用于粉磨各种矿石及其他物料，被广泛用于选矿、建材及化工等行业，可分为干式和湿式两种磨矿方式。根据排矿方式不同，可分为格子型和溢流型两种。

（三）球磨罐

陶瓷研磨机也称釉磨机，是通过瓷罐的滚动将釉料打磨细腻的机械，一般的陶艺工作室采用的釉料研磨机多是由电力带动的瓷罐。在装满调配好的需要打磨的釉料专用瓷罐里装上球磨子，放在电机带动的滚动轴上滚动，使釉料研磨到极为细腻的程度。磨釉时间根据实际情况大概需要50~100个小时（图2-13）。

（四）滤泥机

滤泥机是一种通过滤板形成压力差对泥浆进行固液分离的器械。滤泥机连通泥浆储存罐，在液压缸的作用下，压滤机滤板沿主梁移动压紧，使相邻滤板间形成滤室，周边密封。泥浆经入料泵，以一定压力从入料孔给入各滤室，借助入料泵的给料压力，在过滤介质两侧形成压力差，实现固液分离，煤泥颗粒滞留在滤室内，滤液透过过滤介质从滤板的导水孔排出机外。经过一段时间后，滤液不再流出，过滤脱水过程完成（图2-14）。滤好的泥如一个个泥饼备用（图2-15）。

图2-14　滤泥机　　　　　　　　　　　　　　　图2-15　泥料

（五）练泥机

练泥机（图2-16）为真空压力下内部滚筒推进泥料的器械。经过滤泥机压缩后形成泥饼，放置到投泥口处，盖上压泥板，经过机械的运作促使泥料干湿程度分布均匀且致密性适中。陶瓷制作初期为手工揉泥，经过机器革命的改进后，经过不断研发及调整，最终制作出较为理想的练泥机。经过练泥机练制的泥料呈现干湿均匀、致密性适中的特性方可称为较理想的坯料选材，练泥机的出现提高了泥料的质量和陶瓷胎体的成品率。

图2-16　练泥机

第三节 | 泥料釉料加工

泥料釉料加工是陶瓷生产中不可或缺的一项工艺，未经过仔细加工的泥料、釉料无法直接作为陶瓷生产的原材料。

泥料加工后根据不同的烧制温度，可分为陶器、紫砂、炻器、瓷器四种。用陶土烧制的器皿叫陶器，用瓷土烧制的器皿叫瓷器，陶瓷则是陶器、炻器和瓷器的总称。凡是用陶土和瓷土这两种不同性质的黏土为原料，经过配料、成型、干燥、焙烧等工艺流程制成的器物都可以叫陶瓷。

陶瓷生产过程中所选用材料的不同、烧制的温度不同、运用不同泥料和釉料所烧制出的陶瓷也具有不同的效果。

图2-17　原材料粉碎

图2-18　泥浆加工

图2-19　传统泥料加工

一、泥料加工

传统加工泥料的方法是：先将原料按比例掺入进行粗加工（图2-17）。然后把粗料投入耙池内，牛拉耙杆运转，通过耙齿将原料搅拌成泥浆，待泥浆静止并沉淀片刻后，将耙池下部的放浆口打开，放入泥池内（图2-18）。等泥池内的泥浆沉淀于池底部后，把泥池表面的清水放出一部分，此时泥池中的泥浆分为上、中、下三层。后将泥池中的泥浆引入一段人工砌成的泥沟，使泥浆流入另外两个储泥池内。因泥浆颗粒的大小不匀，故悬浮能力不一样，不同粒度的泥浆会流入两个不同的储泥池，一个距泥池较近，一个距泥池较远。较近的储泥池泥的粒度较粗、较远的储泥池粒度较细。待储泥池的泥浆水分蒸发到含水量25%左右时移放在泥窑里，经过陈腐使用（图2-19）。

现代制泥工艺要求，把选好的黏土、石料经过球磨机加工磨碎，然后用压滤机把泥浆里的水分进行过滤处理，之后再通过真空练泥机一遍一遍地把泥练出来，直到适合拉坯为止。轮制手拉坯所使用的泥料要具有较好的可塑性。可塑性通常是指泥料在外力下获得一定形状而不产生裂纹，外力除去后并保持该形状的性质。一般希望泥料具有较高的形变屈服值和较大的塑性延伸形变。既可保证成形时具有较好的稳定性，又可不致在成形施力过程中产生裂纹或开裂。泥料的细度，根据拉制器物的大小灵活掌握，在一般情况下，细度为250目筛余15%~25%，干燥收缩率为13%，总收缩率为18%左右，细度达到250目全通过时不利于拉制成型，细度在200目以下时，因泥料过粗，会严重影响成品合格率。

二、釉料加工

传统釉料的加工方式同泥料加工基本相似，釉料通过压磨后要经过网筛放置到釉料桶内储存（图2-20）。现代釉料的加工方式同泥料加工基本相似，通过球磨机的球磨后经过网筛，倒入釉料桶内进行储存。

图2-20　釉浆

第四节 | 练泥及揉泥技法

陶瓷原材料开采并处理完毕后还尚未成为可进行陶瓷生产的原材料，处理完毕的陶土、高岭土未经过练泥、揉泥无法成型，未经过釉料配置的细腻矿物无法施釉，因而陶瓷原材料必须经过严格的处理才能用于陶瓷生产。而在陶瓷的生产过程中，陶土、高岭土的处理方式是陶瓷生产流程中的重中之重。因此，进行练泥技法及揉泥技法对陶土等原材料进行进一步加工显得尤其重要。

以练泥技法为例，随着时代需求和生产力进步，练泥技法衍生出了以手工为代表的菊花形练泥法、摔掷练泥法等技法，以满足制作者利用手拉坯技法制作出符合其所需的陶瓷坯件。因练泥技法为陶瓷作品生产过程中最为重要，也是最为基础的步骤，以下将从练泥技法开始进行详细介绍。

练泥的目的是去除黏土中的空气和杂质，使黏土致密，湿度均匀，以利于成型。现在练泥的方法主要有两种：第一种方法是手工练泥，第二种方法是机械练泥。手工练泥的方法沿袭古人传统手法，有揉搓、摔掷、拍打等技法。

普遍使用的手工练泥方法是菊花形练泥法，这种方法通过对黏土进行有规则的挤压揉

图2-21 捧泥

练，将黏土中的气泡和杂质挤压到外表。如果练泥过程中，制作者没有将黏土中的气泡和杂质充分且均匀地挤压到外表，那么经过手拉坯技法拉制而成的坯体中会存在气泡以及杂质，在烧制的过程中，坯体就会因空气受热膨胀，导致陶器爆裂（图2-21）。

机械练泥的机器有两种：一是普通型练泥机，二是真空型练泥机。真空练泥机能练出湿度均匀便于使用的黏土，因此被陶瓷生产企业、陶瓷工作室广泛采用。由古至今，陶瓷器物的成型方法从原始的手工成型方法发展到现代的机械成型方法。成型方法的快速变化体现了生产力的高速发展，与之伴随的是陶瓷形体的多样化形态和对于泥料的规范化要求。

一、手工揉泥

手工练泥就是把黏土揉成团，再用手掌使劲往下压，同时向外推，然后再把泥土翻卷起来，如此不断地进行该动作。在这个过程中可以添加各种类型的有色黏土进行混合练制，以取得好的效果（图2-22）。揉泥的方法很多，一般常用鸡心式揉泥法、菊瓣式揉泥法与羊头式揉泥法。

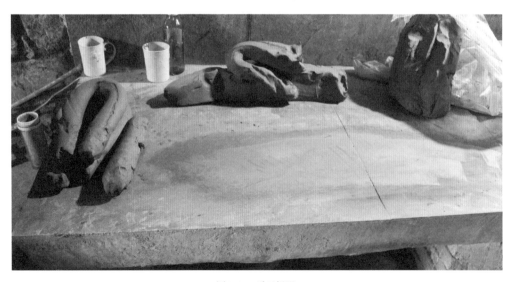

图2-22 手工揉泥

（一）鸡心式揉泥法

采用鸡心式揉泥法时，先取一块黏土，双手合抱，左手扶住泥团作为支点，右手有节奏地压泥团，按顺时针方向进行旋转，并不断重复动作50~60次为宜（图2-23）。在不断地揉搓、旋转的过程中，泥团逐渐呈现鸡心的形状，最后揉成锥形泥团。因泥团揉制完成后的形态类似鸡心，故称为"鸡心式揉泥法"。揉泥过程中是否为泥团添加水分及添加程度取决于其干湿程度。如未准确把握添加水分的时机及总量，泥团将发生断裂现象。故在揉泥之时要注意水分的添加时机及总量。

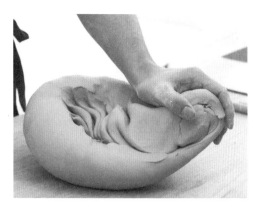

图2-23 鸡心式揉泥法

（二）菊瓣式揉泥法

取一块未经处理的泥团，手拉坯操作者双手握住泥团，沿轮盘旋转的反方向上下反复搓揉，使泥团中心成旋涡状，边缘展开像菊花盛开的花瓣有序排列，称为螺线。将左手掌心向内推动，并反复进行，直到螺线构成的菊花形状消失后将其揉成椭圆形即可。因为揉泥过程中出现了类似菊花的形状，故称为菊瓣式揉泥法（图2-24）。

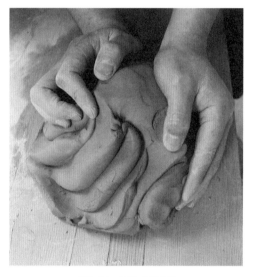

图2-24 菊瓣式揉泥法

（三）羊头式揉泥法

取一块干湿度适宜的泥团，操作者双手平握泥团的两侧，用两手掌将泥团中部推压向台面，随后将台面泥土卷拉向顶端，不断反复揉搓，动作连续协调，使泥团滚动起来，底部形成一层层泥饼，使整个泥团的形状上宽下窄，并收缩成为柱状泥条。在收缩成为柱状泥条之前的泥团恰似一个成年的山羊头，因此称为羊头式揉泥法（图2-25）。

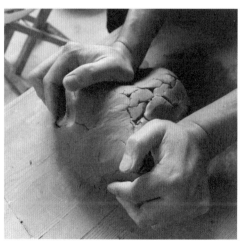

图2-25 羊头式揉泥法

　　菊瓣式揉泥法、羊头式揉泥法这两种揉泥方法，都要求双手用力要均匀、方向要一致，否则会造成泥料粗细不均，导致密度不匀，影响手拉坯成型。

　　在黏土被使用前还需要做一些准备，以确保黏土柔软适中，不含有气泡和杂质，就所要采用的技巧而言，黏土的干湿度要恰到好处，即使是买来的黏土在使用前也要做一些处理，因为它在包装袋中会很快失去韧性，并且各部分会干湿不均。如果黏土不是袋装储存，或存放已有一段时间，那么它就更需要进一步的处理，特别是经过整个冬季的存放，严寒会使水分结冰，破坏黏土的结构和原有的黏性。黏土供应商通常用大型的练泥机来炼制泥料，但是对艺术家而言，练泥机不是有效的练泥方法，他们常把买来的泥料与叠泥结合运用。当黏土软韧不黏时，练泥就算完成了，使用有吸水力的面板，如木板、质量好的石膏板可以吸收黏土中的水分。

二、拉坯机辅助揉泥

　　用于拉坯的黏土状态很重要，它必须随时随地准备好，其干硬程度也要恰到好处。虽然用较软的黏土练习捧泥容易一些，但如果太软，仅捧泥一次是很难将泥料成功拉制成坯体的。可如果黏土太硬，那么就很难成型，还可能导致坯壁的弯曲。为避免这种情况的出现，陶艺家需要付出更多的努力。

　　捧泥时，要保证在拉坯前黏土已在陶轮的正中央旋转，这是拉坯能否成功的关键，因为如果这一步掌握不好，可能会使坯壁厚薄不均匀，易碎易裂，坯形不稳定。捧泥可采用不同的方式和改变手的位置来完成，这根据个人的经验，将形成独特的个人偏好（图2-26）。

　　拉坯机辅助揉泥的步骤如下：

　　（1）准备好黏土，将它拍成一个球状，然后尽可能地把它稳稳地放在接近陶轮中心的位置。接着慢慢转动陶轮，并轻轻拍打黏土，使之成为形状均匀的圆屋状。

　　（2）快速转动陶轮，使手掌和黏土相互润滑起来，然后手掌相对地从外边向内施加压力。双手必须同时用力，将黏土聚拢成圆锥状。

　　（3）在形成圆锥体的过程中，整个黏土向中心聚拢，同时将黏土中的气泡挤出，使其稠度变得均匀。用一只手从圆锥体的顶尖向下压成杯

图2-26　拉坯机辅助揉泥

状，另一只手扶住它，当顶部被压下去之后，再向内压。在进行最后的捧泥拉坯前，照此对圆锥状黏土反复做几遍。

（4）捧泥时手的位置决定稳定性，因此手臂应保持不动，当一只手将黏土朝自己的方向收拢时，另一只手尽力地在黏土上向下压。这时陶轮飞快地旋转，双手要同时用力，并共同把持住坯体。

（5）还有一种捧泥的方法是，尽力用一只手在一边水平方向向上挤压黏土，而另一只手在黏土的上面向下压，如此反复多次。这两种方法是同时进行的。

（6）当黏土居中时，有经验的陶艺家凭直觉就可以知道。也可以做一个简单的检查，用工具或者手指接近旋转的黏土，在完全旋转时，手指与黏土的距离是相等的。在黏土还没有完全居中时不能开口拉制，必须重新捧泥。

三、机械练泥

现代机械练泥一般采用真空练泥机进行练制，真空练泥机一般分为滚筒推进式、螺旋叶推进式、风叶揉搅推进式等。机械练泥同手工练泥作用相同，使泥料各部分干湿程度均匀一致，内部空气完全排出，使泥料结构相对致密，大大增加可塑性与成品率。机械练泥的出现基本替代了人工揉泥，提高了陶瓷制作的生产速度。

机械练泥的步骤如下：

（1）准备好水盆和海绵，并确定真空装置处于正常工作状态。

（2）取出滤泥机的泥饼切割成大小相对合适的泥块，投入泥料口。

（3）根据所需要泥料的效果和现在泥饼的干湿程度进行加水工序。

（4）等待泥料完成搅拌、抽真空、挤压工序后从出泥口处推出，并切割成大小合适的泥条（图2-27）。

图2-27 机械练泥

以上为泥料初次练制，后续还需重复进行以上步骤，一般练制2~3次会达到较为理想的效果。

四、陈腐

陈腐是将泥料放置在不透日光、空气流动极小的室内，保持一定的温度和湿度，储存一段时间，以利于陶泥进行氧化和水解反应，从而改善泥料的性能，这种做法古代称为"养土"（图2-28）。陈腐使泥料进行氧化和水解反应的同时，兼具细菌作用，促使有机物的腐烂，并产生有机酸。泥料中的有机质成为胶状体后，可塑性会进一步提高，更利于后期的成型与烧成。陈腐时间越长越有利，经长时间陈腐的泥料烧成后和未经陈腐的相比，会显得柔和，色调也会有所加深。陈腐促进泥料的氧化、水解及残存有机物的腐烂，产生腐殖酸增强，自然消除泥料中的气泡和应力，使泥料水分均匀，可塑性增强，提高成型质量。

我国古代制陶业中，储泥是一道非常重要的工序，储泥时间多在一年以上。在现代工厂中，因储泥时间和泥料周转期长，占地面积大，一般采用多次真空练泥来代替储泥。陈腐虽然对改善泥料性能作用很大，但陈腐时间长才有显著效果，这就需要有一定的储泥条件，同时延长泥料的使用周转期。

原始青釉采用胎釉同源的制釉方法，各窑口就地取材，其化学成分复杂，不可能形成统一标准。釉面平整度较低，且有明显橘皮纹现象。而釉料陈腐出现，可以解决上述问题，进而产生青瓷。因此，釉料陈腐是区别原始瓷和青瓷的依据之一。

图2-28 泥料陈腐

PART 3

第三章

陶瓷制作工具

陶瓷产品的生产与制作是一个系统、科学、严密的过程，是一个使泥土资源成为具有实用价值和审美价值的陶瓷产品的过程。具体表现为作为劳动者的陶瓷工作者，利用一定的劳动工具，按照一定的方法和步骤，直接或间接作用于劳动对象，也就是从原料投入开始直至陶瓷作品生产出来为止的劳动过程。

陶瓷作品生产的劳动过程中对于陶瓷制作工具有一定的要求，趁手的工具加上娴熟的手艺可以创作出优秀的作品。选择合适的工具，对于陶瓷生产无疑是一个重要因素。

第一节 | 拉坯工具

拉坯需要用到专业的器具，以便陶泥能够拉制成型。拉坯机是拉坯成型中最为重要的工具。

拉坯机是一种专门用于拉坯和修坯的专业器具。在古代，拉坯机（图3-1）多为人工转动，转盘速度因人而异，极大影响了陶瓷作品的生产效率。随着时代的发展，生产力快速发展，电动拉坯机出现了，电动拉坯机的转盘速率可以得到极大的控制，这也使现代陶瓷作品的生产效率大幅度提升。

图3-1 传统拉坯工具

对于拉坯来说，机器只是作为辅助工具，更主要的工具是人的双手。创作者通过熟练的技法完成复杂的陶瓷造型，创作出精美的陶瓷作品，以下将详细介绍拉坯所使用的器械。

一、陶车（辘轳）

陶车（图3-2）是陶瓷器中圆形器成型的主要工具，又叫"陶钧""轱辘"。陶车约出现于新石器时代晚期，直至工业革命时期电动拉坯机出现才逐渐淘汰。早期的陶车构造较为简易，随着陶瓷手工业的发展，陶车的构造也逐步完善。

构造完善的陶车由旋轮、轴顶帽、轴、复杆、荡箍组成。旋轮为圆形木质，轴顶帽嵌于旋轮背面中心部，复杆放置在轴两侧，起到平衡、定位作用。制坯时，将胎泥放置于旋轮上面的中间位置，拨动旋轮，使之快速持久转动，然后用手将放置于旋中间的胎泥拉成所需要的器型。陶车也用于修坯、装饰等工序。原始的陶车需要两个人进行操作。

现有不少学者提出制作陶器的转轮有快轮和慢轮之别，事实上这是无法区分的。陶轮的转动直接由人力驱动，中间并无传动装置，转轮转动的快慢完全由制陶人控制，因此快轮与慢轮无结构上的差别。

图3-2　陶车

二、拉坯机

拉坯机（图3-3）是用来制作同心圆类陶艺的设备，也是手工拉坯的主要动力设备。它通过电力使轮盘得以转动，利用旋转的惯性来实现拉坯成型。

陶艺拉坯机由机体外壳、外壳托座、链条（或齿轮）、棘轮、拉坯转盘、直流电动机、无级调速器、交直流切换器、蓄电池、充电器、可调式橡胶减震器等部分组成。整体外观形状设计像一朵木棉花，有四片花瓣和花托，磁控开关脚踏板也设计为一片树叶的形状，各种开关、按钮、仪表和拉坯操作时的辅助工具均设计安装在机体上。

图3-3　拉坯机

陶艺拉坯机的传动方式设计为棘轮传动，拉坯时拉坯转盘在直流电动机驱动的棘轮的带动下，可作一个方向的转动，停机后，又可以利用棘轮传动的反方向自由空转的特点，手动使拉坯转盘作为转动平台使用，实现一机多功能，既适用拉坯生产，又适合初学者、陶艺爱好者和雕塑艺术工作者创作小型雕塑作品。

第二节 | 成型工具

陶泥或者瓷泥经过拉坯技法成型后还存在着不足之处，仍需要经过一定的加工才可以达到制作者预期的效果。没有经过后期处理的陶瓷坯体是不精细的、粗糙的。在后期精细化处理过程中，顺手的工具对于陶瓷坯体精修起到决定性作用（图3-4）。

图3-4 加工工具

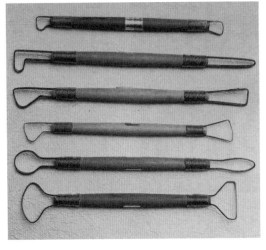

图3-5 雕塑工具

（一）雕塑工具

雕塑工具的作用为挖空实心的器皿，也可平坦外表，普通木制的把手上装有各类外形的金属环，用于削去多余的泥料，带角的环用于平坦外表，如器皿的平底（图3-5）。

（二）修坯工具

修坯是瓷器生产的一道工序，坯体阴干之后用车刀进行修整。修坯在旋车上操作，车中心立有木桩，桩顶端为圆形，修坯时将坯放于桩上，旋转后用车刀修坯，使坯体里光外平，之后把底部多余的部分修掉并挖足，完成修坯各道工序。

（三）刮刀和修形刀

普遍为木制，也可用塑料或其他材料制成，是手工成型的重要工具。这些工具因其功用的多样性、运用对象的多样性而具有各类外形，如分歧的刀头，以便用于不同形态的陶瓷器物（图3-6）。

（四）打磨抛光工具

打磨抛光工具多为竹质，表面为平整且光滑的片状或棍状，其作用是胎体修整或塑造制作。打磨抛光工具是在胎体塑造并阴干步骤完成后使用，对细节部位及器物外表面磨平及抛光（图3-7）。

（五）割泥线

割泥线为铁丝制作而成的工具，主要用于切割泥块，或作为拉坯成型最终工序的工具，从拉坯机上切割、分离陶瓷作品（图3-8）。

（六）模具

陶瓷模具主要以石膏为材料进行制作，石膏模具按照成型方法可以分为挤压成型（阴模和阳模）、注浆成型（实心注浆模具和空心注浆模具）以及印坯模具（图3-9）几种。

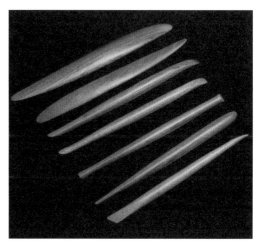

图3-6 刮刀和修形刀

图3-7 打磨抛光工具

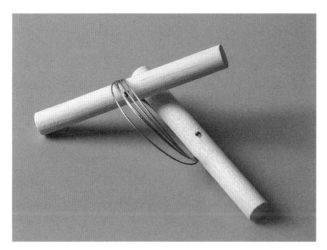

图3-8 割泥线

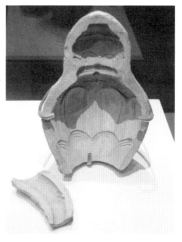

图3-9 葫芦执壶模具 金代
淄博市博物馆藏

石膏模具根据石膏种类又可以分为高强度石膏模具和普通石膏模具。高强度石膏模具主要用在机压生产中，因为机压有一定的压力，所以石膏模具必须可以经得起机器压制过程

中一定的冲击力。普通石膏模具主要做注浆和印坯生产，注浆和印坯对石膏的要求不高，日常所采用的石膏模具普遍为普通石膏模具，制作过程如下：模具用陶泥或石膏制作成型，然后根据所做造型进行石膏浇注并翻制成一块或若干块模具，待模具成型且微干后取出子模（图3-10）。

图3-10　石膏模具

第三节 | 装饰工具

陶瓷作品生产过程中除了使用陶瓷成型工具外，还需要装饰工具的辅助运用。

装饰工具一般可分为坯体装饰工具和釉装饰工具。坯体装饰工具主要运用于陶瓷坯体的修整，釉装饰工具主要运用于陶瓷坯体瓷面的装饰效果，两类工具对于陶瓷作品的制作起到了一定的作用。

陶瓷装饰工具的类型较为丰富，每个地区都有着不同类型的装饰工具，它们的实际作用大同小异（图3-11）。以下主要介绍不同的陶瓷装饰工具。

一、坯体装饰工具

坯体装饰是陶瓷制作中的一门技艺，需要运用坯体装饰工具。坯体装饰工具较为丰富，如陶拍、刻刀、梳篦等，运用不同的坯体装饰工具进行不同的陶瓷坯体装饰，可以达到不同的装饰效果。

图3-11　修坯工具

（一）陶拍

陶拍在古代多以石头、木头和烧制的陶制为主（图3-12），现在陶拍材料大多为木质。陶拍在器物成型后用来修整器物、排印纹饰，平面一般成铲形，新石器时代和商周时期颇为盛行。使用陶拍拍打器物的外壁，不仅可以使器物表面光整，还可以使因手制等因素导致坯体结合不良之处精密牢固。同时，拍打后，在器物坯体上还可以出现各种花纹用以陶瓷装饰。

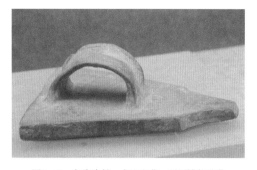

图3-12 灰陶陶拍 龙山文化 平原博物馆藏

（二）刻刀

刻刀是制作陶瓷器物表面纹理的整形工具。刻刀多以竹质片状物或尖状物为主，广泛应用于陶瓷坯体装饰过程。刻刀主要为刻花、剔花、划花、镂雕、堆花等坯体装饰技法所使用的工具（图3-13）。区别是尖刀划花，平刀剔花，斜刀刻花，圆形刀具用于镂空。

（三）梳篦

梳篦是类似梳子一样的工具，是将扁平材料（如竹、木、骨头、金属）加工一排锯齿，主要用于制作水波或飘带一样的线性装饰效果（图3-14）。鹤壁窑篦纹最具代表性（图3-15）。

（四）印模具

石膏模具既是成型工具，也可以作为坯体装饰工具。石膏模具之所以可以作为坯体装饰工具是因为在石膏模具翻模之时，工匠将陶瓷坯体装饰所需的花纹或物体进行翻模

图3-13 刻刀

图3-14 梳篦线性装饰效果

图3-15 白釉篦纹碗 宋代 鹤壁市博物馆藏

制作，后用陶泥进行印坯，便可以使陶瓷坯体装饰所需纹饰贴于胎体上（图3-16）。现在模具多采用木头、石膏、橡胶制作。

（五）碾滚工具

碾滚工具由润滑的硬木制成，功能类似于像擀面杖，主要用于压制泥板和泥片（图3-17）。

图3-16 折枝菊花印模具 宋代 耀州窑博物馆藏

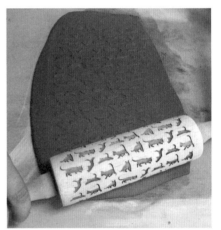

图3-17 碾滚工具

二、釉装饰工具

图3-18 陶瓷绘制工具

釉装饰工具也叫施釉工具，施釉工具主要分为喷施工具和刷施工具。喷施工具有专门的喷釉壶，有传统嘴吹施釉工具和现代真空高压施釉工具两种。喷施工具喷施的釉料厚度均匀，适合做底釉和瓷面效果。刷釉工艺所使用的刷施工具相对于喷施工具来说较为简单自由，根据所需的效果可以采用各种不同的工具进行施釉，一般以毛笔、刷子、海绵为主（图3-18）。根据创作者的创意和构思，在釉面上还可以进行多次施釉、剔釉、刷釉、磨釉等多种方式单独或搭配使用，以达到设想的艺术效果。

（一）杯、桶、刷

杯、桶作为盛水、盛放釉料、放置工具，主要用于沾釉工艺。刷则用于蘸取釉料，对一次烧制的素坯进行施釉处理，刷可以与杯、桶进行配合使用，以达到更好的上釉效果（图3-19）。注意不能用金属制品。

图3-19　杯、桶、刷

（二）吹釉壶

吹釉壶是古代窑区使用喷釉法对一次烧制后的素坯进行施釉的工具，是使用嘴部进行吹气的釉壶。具体操作为窑工用嘴吹气将存贮在釉壶内部的釉料进行雾化处理，并将雾化后大小不一的雾状颗粒均匀地喷洒在坯体上，以达到均匀、较薄的釉面效果。根据不同的器物可以使用不同的喷釉技法，小件器物可以使用吹釉壶进行釉色渐变处理，达到自然平稳的釉面效果。当然，大件器物也可以使用吹釉壶进行施釉处理，施釉效果与小件器物大体相同（图3-20）。

（三）空气压缩机

真空高压施釉机器是在古代吹釉壶的基础上结合现代真空高压技术产生的新型施釉工具，主要由空气压缩（气泵）（图3-21）、喷枪或者喷壶、带有通风设备的吹釉台组成。真空高压施釉机器的主要优点为施釉均匀程度有可靠的保证，极大地节省了制作者的体力，真空高压施釉机器大规模的使用促进了陶瓷作品上釉效率的快速提升。

图3-20　吹釉壶

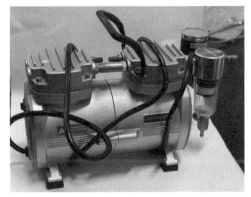

图3-21　空气压缩机

第四节 | 窑炉分类及结构

窑炉是陶瓷制作必不可少的设备，窑炉的作用是利用温度的不断升高进行烧制，给予陶瓷必要的物理性质。从陶瓷原料到陶瓷成品必须要经过烧成硬化的过程，而烧成过程的进行要使用窑炉。烧成是陶瓷生产的重要环节之一。成型后的陶瓷坯体须在窑炉中进行热处理，经过一系列物理与化学变化，使制品硬化的同时，其性能和外观质量必须要达到所要求的标准。

一、窑炉分类

窑炉是用耐火材料砌成的用以煅烧物料或烧成制品的设备。窑炉结构是否合理，选型是否正确，直接关系到产品的质量、产量和能量消耗的高低等，是陶瓷生产中的关键设备。

窑炉种类甚多，按使用燃料分为煤窑、油窑、气窑、电窑，按窑炉外形分为馒头窑、马蹄窑、龙窑、葫芦窑、圆窑、方窑、轮窑、隧道窑，按火焰特点分为直焰窑、倒焰窑、横焰窑，按生产工作情况分为间歇式窑、连续式窑（隧道窑）、半连续窑（龙窑、德化阶级窑），按窑炉用途分为素烧窑、釉烧窑、烤花窑，按煅烧物料品种分为陶瓷用窑炉、水泥窑、玻璃窑、搪瓷窑等，按热原分为火焰窑和电热窑，按热源面向坯体状况分为明焰窑、隔焰窑和半隔焰窑，按坯体运载工具分为有窑车窑、推板窑、辊底窑（辊道窑）、输送带窑、步进梁式窑和气垫窑等，按通道数目分为单通道窑、双通道窑和多通道窑。此外，还有多种气氛窑等。

二、窑炉结构

窑炉结构又称窑炉形制，窑炉结构的合理与否决定了陶瓷器物能否烧制成功。从仰烧方法为代表的无窑炉烧制技法发展到现代以电力、天然气能源为代表的窑炉烧制技法中可以体现窑炉结构为适应不同时代、不同地区的烧制技法而衍生出的多种结构（图3–22）。

以明清时期的景德镇为例，景德镇瓷器的大规模外销和陶瓷艺术的发展都依赖于制瓷技术的进步。细而言之，陶瓷品质的提高离不开烧造工艺的进步。要焙烧出高品质的陶瓷，窑炉的形制则是重要的一环，一定结构的窑炉能保证合适的温度与气氛，为制瓷效率的提高和瓷器质量的提升奠定基础。

陶瓷的烧成从最初的平地堆烧发展到有窑炉的横穴窑，再由更进步的竖穴窑发展到现代化的轨道窑。烧成技术随着科技的发展不断提高，窑炉烧成材料的范围也从最初单一的柴火扩充发展为以油、煤、天然气、电等能源的窑炉。在不断的发展变化中，窑炉的结构也更加合理，满足了制作者制作不同品种陶瓷作品的需求。

图3-22　传统窑炉　中国钧瓷文化园

（一）传统窑炉

古代窑炉多为陶制窑炉，陶制窑炉通常由保温设施、火力设施、烧成设施、排烟设施、操作设施五部分组成。竖穴窑被淘汰后所诞生的陶制窑炉因陶砖易生产、建设难度小，被中国古代各大窑口广泛建设和使用。古代窑炉类型众多，陶制窑炉按照历史发展可以分为以下几种类型。

1. 堆烧

堆烧（图3-23）是最原始的烧成工艺，或称平底堆烧。这种生产方式没有固定的窑址，具体是选择一块空地将陶坯堆放在一起，用泥巴将陶坯整体盖紧并糊严，开一个小口便于添加柴火，同时再开几个小口作为烟道，因为火力不均，温度不高，密封不严，导致陶器烧制完成后颜色不均匀，质地松脆。

图3-23　堆烧

例如，甘肃天水大地湾一期发掘出土的陶器，常有红黑相间的斑块，色彩不甚纯正，陶片易碎，表明当时的陶瓷烧制技术较为原始落后。

2. 横穴窑

横穴窑（图3-24）最早发现于河南新郑新石器时代裴李岗文化，流行于仰韶文化时期。商代、西周时期基本不见。

横穴窑是在生土层中掏挖修制而成，由火膛、火道、火眼、窑室等部分组成。火膛较狭长，略呈甬道状，后部设火道。窑室位于火膛的前方或斜后方，平面略呈圆形，直径1米左右，室壁上部逐渐收缩，封顶时留出排烟孔。窑室底部，即窑床上设置火眼，均匀分布于周围。

烧窑时，火焰由火膛进入火道，然后经火眼进入窑室，上升流经坯件，最后烟从窑室顶部的排烟孔排出窑外。横穴窑升温较快，但不易控制烧成温度和烧成气氛，燃料的利用率较低。

3. 竖穴窑

竖穴窑（图3-25），出现于新石器时代仰韶文化时期，商、西周时期继续使用，此后逐渐被半倒焰式的馒头窑取代。

竖穴窑是在生土层中掏挖修制而成，由火膛、火道、火眼、窑室等部分组成。火膛呈圆形袋坑状或圆形竖坑状，上面设有垂直或沟道状火道。窑室位于火膛的上方或斜上方，平面呈圆形或近圆形，宽1~1.5米，上部逐渐收缩，封顶时留出排烟孔。窑室底部，即窑床上设置有均匀分布于周围的火眼。龙山文化、商、西周时期普遍有窑箅，窑箅上设火眼。竖穴窑的烧制过程和横穴窑大致相同。

通过对横穴窑和竖穴窑的对比可以得出结论，竖穴窑比横穴窑有所进步，可以将烧成温度提高一些，但是竖穴窑和横穴窑有着相同的缺陷，即不易控制烧成温度和烧成气氛，燃料的使用率较低。

4. 馒头窑

馒头窑（图3-26）也称圆窑，属于半倒焰窑，是中国古代北方地区广泛使用的陶瓷窑炉。馒头窑始于战国，宋代以后烧煤，为最早以煤为燃料的瓷窑，尤以河北的峰峰等地较多，一般长约2.7米，宽约4.2米，高约5米以上，

图3-24　横穴窑

图3-25　竖穴窑

火膛和窑室合为一个馒头形，故名
"馒头窑"。馒头窑在点火后，火焰
自火膛先喷至窑顶，再倒向窑底，
流经坯体，烟气从后墙底部的吸火
孔入后墙内的烟囱排出。由于馒头
窑窑墙较厚，限制了瓷坯的快速烧
制和快速冷却的时间，相应地便减
低了瓷器的半透明度和白度。为减
少坯体变形，又使坯体加厚，因此
形成了古代北方瓷器浑厚凝重的
特色。

图3-26　馒头窑　中国宝丰清凉寺汝官窑遗址展示馆

5. 马蹄窑

马蹄窑（图3-27）是馒头窑
的形制之一。因其平面形状似马蹄
而得名，唐至元代流行于北方地
区。陕西耀州窑，河南汝窑、钧
窑，河北磁州窑等地区使用的都是
马蹄窑。宋元时期的南方地区有的
窑口，如四川彭县窑、重庆涂山
窑、广东惠阳窑，也使用马蹄窑烧
制瓷器。

图3-27　马蹄窑

马蹄窑的火膛呈半圆形或扇
形，窑室从前至后渐宽，左右两壁
外弧或略外弧，后壁齐直，一般后
部左右各设一个平面呈长方形或半
圆形的较大烟囱，后壁下部左右设
排烟孔，与烟囱相通。根据火焰流
动的方式可以将马蹄窑归类为半倒
焰窑的一个形制。

6. 双乳状窑

双乳状窑（图3-28）是宋代
御用钧瓷的专用窑炉，双乳状窑整

图3-28　双乳状窑

体由窑门、火塘、窑室和烟囱四部分组成。窑室为横长方形,前方设计并列两个火塘,成双乳状。双火塘设计主要是为了增加火膛面积,便于两个火口交替添加柴薪,保住窑内温度平稳,避免因添柴打开火口导致温度下降。

双乳状窑的最大特点是在平地深挖下去的土质窑,整个窑位于地面1米以下。这种地下土质窑,保温性能良好,从内部敷上一层耐火泥保证了双乳状窑具有理想的耐高温特性,是烧制还原焰比较理想的窑炉。

图3-29 龙窑

图3-30 鸡笼窑

7. 龙窑

龙窑(图3-29)出现于商代的浙江、江西一带,因其多依山而建,加之窑身较长,如一条俯首而下的巨龙,因此称为龙窑。最初的龙窑一般长20米,经过不断发展,宋代的龙窑可达50~60米的长度,个别地区可以达到70米的长度。

早期龙窑投柴孔设置在窑炉的前面,因窑身长度的不断增加而导致全窑温度不均成为亟须解决的问题,因此在后续的发展中在其两侧修筑了保温墙,墙中开设了窑门,便于装窑和出窑。同时在窑顶两侧各开一个投柴孔,前后两空的间距为1米左右。

在龙窑的改进中也创造出了新的烧制技法——"火膛移位",即先在窑身前段的火膛点火,按此逐段向上烧制,直至烧至窑尾结束。借用"火膛移位"的烧制技法,在保证瓷器质量的前提下,龙窑的长度可以不断增加。

8. 鸡笼窑

鸡笼窑(图3-30)在宋、元之间出现于福建德化,是介于龙窑向阶级窑发展的一种形式,之后在福建、广东等地烧造瓷器所使用。鸡笼窑窑室斜平,有分间而不分级,顶部呈拱形,整个外观造型像几个鸡笼排在一起,故得名。鸡笼窑火膛狭小,窑门多数开在一边,内部窑室之间相通,并有挡火墙,下有通火孔,因而火焰成倒焰式,窑底两边有火路沟。此种窑炉也被称为分室龙窑。

9. 阶级窑

阶级窑（图3-31）综合龙窑和鸡笼窑技术发展而来，古代流行于福建、湖南、西南部分地区。阶级窑在福建德化地区出现最早，也最著名。日本瓷窑受德化阶级窑影响较大，并把其估计为"串窑的始祖"。

阶级窑依山按10°~20°倾斜砌筑，长15~20米。最初形式为宋代

图3-31 阶级窑

的分室龙窑，至明代演变为一个个单独的窑室。一窑约有五至七室，后室窑底高于前室窑底，隔墙下部有通火孔。烧前室时，火焰自窑顶倒向窑底，经通火孔依次通过后面各室，最后自窑尾排走。所以全窑就是一个大龙窑，而每一室又是一个个半倒馒头窑，它既有龙窑的优点，又比单个馒头窑优越。阶级窑同时具有馒头窑和龙窑的优点，阶级窑升温和降温速度快，易于把控，可创造出还原气氛。阶级窑烧制出来的产品光泽较好，透明度较高，釉色纯美晶莹。阶级窑的产生离不开德化本地瓷器烧制的特殊要求和南方地区的多山地形，同时开启了中国窑炉发展史的"混改"序幕，为后来的镇窑等"集大成"式窑炉的产生提供了技术和经验。

10. 葫芦窑

葫芦窑（图3-32）为景德镇特有的窑炉。明代的葫芦窑兼具了宋元时期龙窑和馒头窑的特点，最突出的特点是窑身，相较于阶级窑短了不少，因此对地形没有较高的要求。葫芦窑的腰部内折，分为前后两室，窑前有火膛、灰坑，后室设有烟囱。前后两室又宛如两个"馒头"，古人说其"窑形似卧地葫芦，前大后小"，因此得名为葫芦窑。葫芦窑按照薪柴的不同可以分为燃烧松柴的官窑型葫芦窑和燃烧树枝杂木的槎窑，官窑葫芦窑多烧制上等瓷器，槎窑多烧制日用粗瓷。葫芦窑的产生对于整个明代景德镇制瓷业的发展和清代镇窑的出现有着不可替代的作用。

11. 蛋形窑

蛋形窑（图3-33）也称"景德镇窑"。可能是参考龙窑和馒头窑，又根据烧松柴的特点发展而来。窑身如半个瓮俯覆，又似半个蛋形覆置，也像一个前高后低的隧道。全长15~20米。窑底前端略低，倾斜度3°左右，窑头有火箱，火焰经窑体至窑尾，废气由蛋形截面的烟囱排出。蛋形窑容积大，约150~200立方米。窑墙与护墙之间填以砂土作隔热层，热利用率较好。

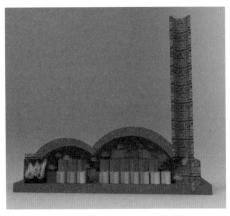
图3-32　葫芦窑

图3-33　蛋形窑

蛋形窑在同一窑内，根据各部位温度的不同，可以同时装烧品种不同的制品。蛋形窑适应景德镇附近制瓷原料的特性和瓷器的传统风格，在控制烧成气氛和瓷器质量以及燃料消耗等方面，均较优于龙窑、阶级窑和馒头窑。明清以来景德镇制瓷所取得的成就，和这种窑的采用是分不开的。

以上对各种窑炉的介绍，都是以窑炉形状来命名，从窑炉结构的演变和发展来看，都少不了以下几个部分。

窑门：设于窑身最前端。窑门为满窑的进口，开窑的出口。每次将窑满好后，须用砖块把窑门封住，仅在其上部留一洞（称投柴口），焙烧时从此洞投柴入燃烧区。

窑头区：紧挨窑门的区域称窑头区，炉栅及灰坑均设在这里。炉栅由68只大器匣钵组成，灰坑前宽后窄，前深后浅，略有坡度。窑头区为燃烧区。

大肚区：紧靠窑头区的区域称大肚区，全窑的最高点和最宽点便在此处。因其紧靠燃烧区，故焙烧时这里温度最高，温度一般在1300~1320℃。大肚区内，通常焙烧上等细瓷或高温颜色釉瓷。

小肚区：位于窑体的腰部，高度低于大肚区，宽度窄于大肚区，温烧用作修窑的窑砖。温度一般在1260~1300℃。小肚区内，通常焙烧普通瓷器。

低温区：这个区位于窑体后部。焙烧时，这里的温度一般为1170~1260℃。此处通常焙烧普通瓷器或低温颜色釉瓷器。

挂窑口：处于窑室与烟囱的交界处，为烟囱底部进烟气口。

余堂：烟囱底部的空间称为余堂。焙烧时，这里的温度一般在1130~1170℃。余堂内，通常焙烧土匣或粗瓷。

观音堂：位于窑背端穹窿处，因其形似庙堂，故俗称观音堂。观音堂内，通常焙烧窑砖。

窑底，即窑床，为装烧制品的承载底板。底板上通常平铺一层窑砖（或作一层三合土地面），上铺一层0.2~0.3米厚的紫石英砂（俗称"老土子"）。烟囱的前壁垂直支承在挂窑口顶篷上，后壁支承在窑背端墙上，两侧支承在蒸尾墙上，后壁与两侧往上逐渐向中心收缩，囱口呈三角圆形，颇似钢笔笔尖，尖端背向窑头。囱壁厚度为8~8.5cm，称薄壁囱。囱体底脚大，自重轻，倾斜分层眠砌（砖缝为倾斜平缝），伸出房顶露于室外的部分仅约6.5米。烟囱的高度，若自地面算起，其高一般为20米以上；若自挂窑口算起，其高一般为18~20米。这种结构独特的烟囱，具有多种功能：一是可增强烟的抽排能力，当风向改变时，其排烟能力仍可基本趋于平衡；二是当烟气流量有所减少时，也可保持适当出口动压，使流速不致低于允许范围的下限，避免倒灌；三是可以部分地防止因流动体动压的影响而产生的抽力波动。

砌于窑身周围的墙，称护墙。护墙的宽度一般为2米以上，高度一般为3米以上。护墙与窑身、窑囱周围的墙间，均留有10~30cm的空隙，护墙以下的间隙全用砂土填实，护墙以上至护墙面一段，间隙渐次加宽，其间每隔40~60cm堆叠40~60cm的窑砖至护墙面，并以铁条或木柱搭架于各段堆叠窑砖上，再以窑砖散铺其上，将整个空隙完全闭盖，其作用大致有三：第一，因有不流动而难传热的空气层在此间隙内起保温效用，可大大减少热损。第二，高温烧成时，窑壁稍有膨胀余地。第三，窑身翻修时护墙可免翻动，较为省工省费。

（二）现代窑炉

现代陶瓷工业常见窑炉有间歇式窑炉和连续式窑炉。间歇式窑炉按功能可分为电炉、气窑、电气混合窑和梭式窑；连续式窑炉按制品的输送方式可分为隧道窑、辊道窑、推板窑。一般大型窑炉燃料多为重油、轻柴油或煤气、天然气。

1. 间歇式窑炉

间歇式窑炉简称间歇窑，即以装窑、连续焙烧和冷窑、出窑为一个周期的一类窑炉。间歇式窑炉主要有灵活变更烧成温度、投资少、易建造等优点（图3-34）。

（1）电窑（图3-35）是电热窑炉的总称，是间歇式窑炉的一种类型。电窑多半以电炉丝、硅碳棒或二硅化钼作为发热元件。其结构较为简单，操作方便。电窑的工作

图3-34 间歇式窑炉

图3-35　电窑

方式一般是通过电热元件把电能转变为热能，可分为电阻炉、感应炉、电弧炉等。

电窑的优点有下列几点：炉内气氛容易控制，物料加热快，温度高，温度容易控制，生产过程较易机械化和自动化，劳动卫生条件好，热效率高，产品质量好。

（2）气窑（图3-36）主要以天然气作为能源。因气窑可以准确控制烧成曲线，能够达到使胎体和釉面充分玻璃化的温度，即可控的高温。气窑的烧成温度有可靠的保障，温度可以达到1360℃，窑内的温度基本均衡，可以满足各种瓷器的要求，保证了瓷器的品质，烧制同时次品率也大大减少。生产出来的瓷器无论是胎质、釉面、发色都可以满足消费者的需求。

（3）电气混合窑（图3-37）是电炉和气窑相结合的产物。将液化气、天然气和电能相结合，可以有效控制升温速率和窑内气氛，推动热能转换率的提高，烧制还原气氛。

（4）梭式窑（图3-38）跟火柴盒的结构类似，窑车推进窑内进行烧制，烧制完成后再往相反的方向推出并卸下烧好的陶瓷制品，因窑车造型如同梭子，故称为梭式窑。梭式窑适合生产小批量多品种的陶瓷制品，由于其生产的灵活性，现在很多中小型陶瓷厂都采用这种窑炉。但由于是间隙式，窑壁、台车要吸热消耗能量，耗能相对较高，但通过窑炉设计和制造者的努力，如采用高速燃烧机快速烧成，采用轻质耐火保温材料减少窑炉蓄热，有的快速

图3-36　气窑炉

图3-37　电气混合窑

烧成梭式窑已达到与旧有隧道窑相媲美的节能效果。

梭式窑的生产系统由燃料供给及燃烧设备、燃烧风机、烟气—空气换热器、调温风机和排烟风机等部分组成。梭式窑的窑体为矩形，窑墙的砌筑沿厚度方向分为三层结构，工作即采用高强度高档耐火隔热砖，夹层是隔热耐火材料，外层采用耐火纤维毡贴在窑壁上。

图3-38 梭式窑

窑顶采用平吊顶结构，砌筑也分为三层，内层为高强度高档隔热砖，吊挂于吊顶砖下方，夹层是隔热砖，顶层采用耐火纤维毡，既为隔热层又为密封层。

由于窑门经常移动，所以窑门的砌筑为两层，内两层为高强度高档隔热砖，外层为隔热层，采用耐火纤维毡贴于窑门金属壳上。烧嘴安装在窑墙上，视窑的高度设一排或两排。以窑车台面为窑底并和窑顶、窑墙构成窑的烧成空间，窑车衬砖中心留设主烟道，与地下烟道相接。窑的一端（或两端）设有窑门，窑门可单独设置也可砌筑在窑车端部。窑车两侧裙板插入窑墙砂封槽内，窑车与窑车之间，窑车与端培、窑门之间设有曲封槽，用耐火纤维挤紧，起密封作用。

现代间歇式梭式窑炉，采用高速调温烧嘴，燃烧产物以很高的速度（100米/秒以上）喷射入窑。在整个烧成过程中，燃烧产物的对流传热速率就大大提高，在高温阶段，对流传热的作用大。在使用高速调温烧嘴时，制品码装时要在料垛间留出100~400mm的火焰通道，通常其宽度随窑炉宽度尺寸的增大而增大，使窑内气流能造成一个旋转气流，避免高速的火焰直接冲刷到局部的制品上，影响火焰的流动，造成较大的温差。

梭式窑具有操作灵活性强，能够满足多种产品生产需求，装窑、出窑、制品的部分冷却可以在窑外进行等优点，但是窑炉蓄热损失大，散热损失大，烟气温度高，热耗量较高成为梭式窑缺点。

2. 连续式窑炉

与传统的间歇式窑相比较，连续式窑具有连续操作性、易实现机械化、大大地改善劳动条件和减轻劳动强度、降低能耗等优点（图3-39）。

（1）隧道窑（图3-40）一般是一条长的直线形隧道，由预热带、烧成带、冷却带三部分组成，其两侧及顶部有固定的墙壁及拱顶，底部铺设的轨道上运行着窑车。燃烧设备设在隧道窑的中部两侧，构成固定的高温烧成带。燃烧产生的高温烟气在隧道窑前端烟囱或引风

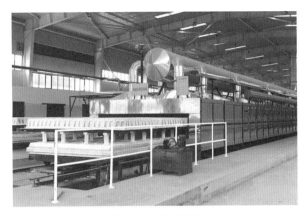

图3-39　连续式窑炉

图3-40　隧道窑

图3-41　辊道窑

机的作用下，同时逐步地预热进入窑内的制品，这一段构成了隧道窑的预热带。在隧道窑的窑尾鼓入冷风，冷却隧道窑内后一段的制品，这一段便构成隧道窑的冷却带。

隧道窑由于是连续式生产，因此具有余热供应充足、循环热损失小等优点，但由于窑车需要经过升温再冷却，浪费部分热量，因此节能效果和温差不如辊道窑。

（2）辊道窑（图3-41）又称罗拉窑，是用耐高温的陶瓷棍棒直接驱动耐火板前进，装载产品的耐火板直接承载在棍棒上。辊道窑传递烧结样品的系统不是传统的窑车、推板，而是同步转动的陶瓷或金属辊棒。每条辊子在窑外传动机构的作用下不断地转动，制品由隧道的预热端放置在辊子上，在辊子的转动作用下通过隧道的预热带、烧成带和冷却带完成。辊道窑最早是在墙砖、地板砖烧成中使用，没有托板，直接在棍棒上传动，由于在预热、烧成、冷却过程中上下贯通，温差小，烧成时间从梭式窑、隧道窑的十余个小时，缩短至几十分钟，故而推广到艺术陶瓷、日用陶瓷的烧制。随着棍棒质量的提高，辊道窑完成从低温型逐步到中高温型转变。由于辊道窑是耐火板直接承载于原地滚动的棍棒上前进，不像隧道窑要用一个个台车吸收很大一部分热量，气密性也比隧道窑好得多，所以它的节能效果比隧道窑要好。它的一个最大缺陷就是烧成高温还原的产品，对棍棒的质量要求较高，采用碳化硅棍棒，可较好地烧成1350℃以内的高温陶瓷产品。

（3）推板窑（图3-42）的通道由一个或数个隧道所组成，通道底由坚固的耐火砖精确砌成滑道，制品装在推板上由顶推机构推入窑炉内烧成。

图3-42 推板窑

第四章

陶瓷釉种及特点

釉是陶瓷器的外衣，是人类追求美的文化产物。从家具装饰、服装设计、产品造型到城市建设，美作为常见的现象和人的一种潜在的追求，总是引领着我们对物品的造型、色泽做出符合美学的改变。釉对于瓷器来说是十分重要的一个组成部分，表面无釉的瓷器，无论造型多么美观，还是有不足之处。釉能使陶瓷器增加机械温度、热稳定度、介电强度，防止液体、气体的侵蚀。瓷器表面的釉，就好比人身上的衣服，它能使器物增加艺术性和观赏性。

第一节 | 釉色品种

陶瓷釉色是釉中所含氧化物，在高温烧制过程中呈现的色泽。釉料中含有不同的氧化物，如氧化铁、氧化铜、氧化锰、氧化钾等，这些都是釉色呈现的着色剂，因为含量比值的不同，在一定温度与气氛中，会烧制出不同色泽的陶瓷作品。如氧化铁含量在3%以下弱还原气氛烧制就成青釉瓷，3%以上就是黑釉瓷。

在二里头遗址就出土了最早的原始青瓷 [1]（图4-1），并在历史的发展下催生出不同品种的颜色釉。陶瓷釉色种类根据不同烧制温度可以分为三种：低温颜色釉、中温颜色釉、高温颜色釉，它们各具独特的釉色，但也有各不相同的欠缺之处，如低温铅釉因内部含有铅元素而无法直接施釉于食用器等问题。故制作者必须充分了解颜色釉的发展历史及特性，充分掌握颜色釉的使用方法。

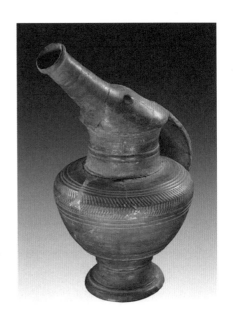

图4-1 原始青瓷盉 偃师二里头文化遗址出土
中国科学院考古所二里头工作队藏

一、低温颜色釉

低温颜色釉也称铅釉，用氧化铅作助熔剂，烧成温度较低，普遍在1000℃以下。它是在已经高温素烧的陶瓷器物上再次施釉，二次烧制完成。我国低温色釉装饰具有悠久的发展

---

[1] 鲁晓珂,李伟东,罗宏杰,等.二里头遗址出土白陶、印纹硬陶和原始瓷的研究[J].考古,2012(10):89-96.

历史，但人们往往更加关注高温色釉的发展而忽视低温色釉装饰，而实际上，我国传统低温色釉装饰非常发达，其中的一些类型已经达到陶瓷绘画程度，因而它对当代高温色釉绘画的兴起具有非常重要的启示作用。铅釉陶器的特点是：釉的熔融温度低，高温下黏度小且流动性较大，能够比较均匀地覆盖在器物的表面，冷却后釉汁清澈透明，表面平整光滑，釉面光泽感强，折射指数较高，光彩照人，具有很强的装饰性。但是化学稳定性差，不耐磨损，易受环境大气的侵蚀。

早期的低温色釉以汉代的低温铅釉陶为代表，低温釉陶器与以氧化钙为主要溶剂，以氧化铁为着色剂的青釉不同，汉代铅釉陶所采用的是以铜、铁氧化物作为呈色剂，铅氧化物作为助溶剂的低温颜色釉进行烧制。在汉代铅釉陶器的釉料当中，不同金属氧化物所呈现的效果有所不同。汉代铅釉陶施加釉料并在窑内通过氧化气氛烧制完成后，釉料内的铜使釉产生美丽的翠绿色，而铁使釉呈黄褐色和棕红色，正因其釉料包含的多种金属氧化物在焙烧下形成的绚丽颜色，汉代铅釉陶器具有独特的艺术审美特色（图4-2）。

图4-2 釉陶狗 西汉 南阳市博物馆藏

早期汉代低温铅釉陶器使用低温颜色釉为装饰技法之外，由汉代低温铅釉陶发展而来的唐三彩也是低温颜色釉陶瓷的代表。它受到北朝晚期白釉绿彩的影响，如安阳北齐范粹墓出土的白釉绿彩三系瓷罐，沿用汉低温釉装饰技法，形成独特的艺术特点（图4-3）。

唐三彩是用几种低温颜色釉装饰陶器的方法，盛行于唐代，因黄、绿、白三色在器物釉料中比重较多而得名，在三彩陶器常使用的黄色釉中含锑，绿色釉中含铜，紫色釉中含锰，蓝色釉中含钴，艳黄色釉中含锑等金属氧化物。除黄、绿、白三种具有代表性的颜色以外，唐三彩还有

图4-3 白釉绿彩三系瓷罐 北齐 1971年河南省安阳县洪河电厂北齐武平六年（575年）范粹墓出土 河南博物院藏

图4-4 三彩盘 唐代 山东博物馆藏

紫、蓝、黑等颜色。唐三彩包括各种俑类和生活器皿，在生活器皿和各种俑类塑像中施以多种色釉进行具体纹样的绘画，经过烧制后不同色釉互相浸润，形成绚丽多彩、光彩夺目的艺术效果。唐三彩陶器分两次烧成，素坯先是经过1050~1150℃进行素烧，后在胎体上使用刷釉的方法刷上几种低温色釉，在800~950℃的氧化焰气氛下烧制完成（图4-4）。

唐代末期连年战争造成藩镇割据的局面，唐三彩工艺被人们逐渐遗忘，随着宋朝的建立，人们开始有意识地对唐代三彩技术进行发掘，从而烧制宋三彩。

宋三彩是宋、金时期生产的低温彩色釉陶制品，为仿唐三彩工艺制造的陶器。由于正统观念，过去把在金统治下北方地区烧制的彩色釉陶器也称宋三彩。宋三彩主要采用刻划方法进行装饰，在第一次烧成涩胎后，按纹饰需要填入彩色釉，再经第二次烧成。宋三彩釉色丰富，在唐三彩、辽三彩的基础上，除黄、绿、白、褐四种主色外，尚有艳红、乌黑、酱色，并新创一种翡翠釉，色泽青翠明艳。与唐三彩相比较，宋三彩画面生动，填色规整，不见蓝釉。器型以枕为人宗，画面具有浓郁的民间生活气息。宋代器形以盒、灯和枕为多，也见有宝塔形的供器。宋三彩在河南禹县、鲁山、内乡和宜阳等地古窑址中均有发现（图4-5）。

图4-5 三彩人物绘刻花枕 宋代 平原博物馆藏

与宋三彩同时出现的还有辽代陶瓷工艺技术。契丹族是我国北方少数民族，916年在北方建立了强大的民族政权，创造富有民族特色的灿烂文化，在我国陶器史上占有很重要的地位。有学者将辽代陶瓷制品称为"辽瓷"。因继承三彩工艺技术，又称为"辽三彩"。至于它到底始烧于何时，尚无确切证据可考。但从有确切年代的墓葬出土的器物中，发现在辽穆宗应历年（951—969年）就有黄、绿单色釉陶器，可以断定这时已经有三彩陶器。辽三彩承袭唐代传统，是三彩传统技艺的一种低温瓷式釉陶，胎质粗而较硬，呈灰黄白色或淡红色。虽然品质不如唐、宋三彩器，但也有自己鲜明的时代特色。在继承三彩釉陶传统工艺基础上，有自身的特点，在我国陶瓷发展史上具有一定地位（图4-6）。

金代同样是北方少数民族创立的政权，这一时期中国陶瓷史出现一种红绿彩的烧制技术，是经过一次高温素烧，然后施低温釉二次烧成，釉面有凹凸感，容易脱落，开创陶瓷釉上彩技法的先河（图4-7）。

随着珐琅彩料的使用，珐琅彩瓷器成为低温釉陶瓷的主流艺术风格。珐琅彩瓷的烧制源自清康熙时期，在历时三百余年的发展过程中，关于珐琅彩瓷出现了众多相关的名词与名称（图4-8、图4-9）。

珐琅又称"法蓝""佛郎""发蓝"，是一种玻璃质低温色料，为烧制珐琅彩瓷过程中使用的釉料名称，可用于器物（如金属、陶瓷、玻璃等）表面的装饰。其基本成分为石英、长石、盆硝、瓷土等，烧成温度一般在800℃左右。其制作方法为在原料中加入纯碱、硼砂作为溶剂，氧化钛、氧化锑、氟化物作为乳浊剂，金属氧化物作为着色剂，经过粉碎、煅烧、熔融后，倾入水中急冷成珐琅熔块，再经细

图4-6 三彩观音菩萨像 辽代 首都博物馆藏

图4-7 红绿彩踩莲叶童子像 金代
郑州大象陶瓷博物馆藏

图4-8　珐琅彩童子观音瓷塑　明代
景德镇陶瓷博物馆藏

图4-9　珐琅彩八仙过海图罐　明代成化年间
1972年北京市朝阳区太阳宫出土　首都博物馆藏

磨得到珐琅粉。

　　珐琅彩根据应用材料的不同有不同的称谓，如在金胎上作画称为"金胎珐琅"，银胎上作画则为"银胎珐琅"，在铜胎上作画有"铜胎珐琅"和"景泰蓝"（铜胎掐丝珐琅）两种说法，铁钢胎上作画称为"珐琅"或"搪瓷"，瓷胎上作画称为"瓷胎画珐琅"等。瓷胎画珐琅也称珐琅彩瓷，创烧于清代康熙年间，是把"铜胎画珐琅"技艺移植到瓷胎上的一种釉彩瓷，因其施釉于瓷胎上，故称为"瓷胎画珐琅"。瓷胎画珐琅是陶瓷彩绘使用油剂调制釉料的开始，极大丰富了彩绘瓷的艺术表现力和装饰效果。当代学者一般用"瓷胎画珐琅"一词特指由清代宫廷统领制作、景德镇提供素胎、专供皇室御用的珐琅彩瓷，狭义上时间限定在康熙、雍正、乾隆三代，以便于与其他时期生产的珐琅彩瓷相区别。

　　由于珐琅彩的艺术表现力，大量珐琅彩瓷器被不断烧制。但受到材料的限制，珐琅彩瓷器的烧制数目较为稀少且成本较为高昂，因此使用国产色料进行烧制的以洋彩、粉彩为代表的瓷器新品种便应运而生。

　　洋彩是清朝景德镇烧制的瓷器新品种。雍正十三年（1736年）唐英《陶成记事碑》中记有"洋彩器皿，新仿西洋珐琅画法"。洋彩虽在装饰技法上与珐琅彩瓷有相似之处，但是在彩料上与珐琅彩瓷不完全相同，而是在传统的五彩上进一步融入进口的彩料。清末民初将外国传来饰瓷的彩料称为"洋彩"，和盛于雍正、乾隆时期"洋彩"在名称上完全相同，但两者是完全不同的釉上彩品种，前者在中华人民共和国成立后，经全国陶瓷专业会议改为"新彩"或"新花"。

粉彩产生于康熙末年，一定程度上受到了清宫"瓷胎画珐琅"的影响，其釉料相比"瓷胎画珐琅"较为便宜，除官窑以外民窑也可生产，满足了民间对釉彩瓷的需求。粉彩瓷和珐琅彩瓷的区别，一是两者的釉料化学成分不同。二是粉彩瓷线条柔和、釉色温润，属"国画"效果，珐琅彩瓷釉料鲜艳油亮，有"油画"效果。三是，珐琅彩瓷胎体多轻薄，粉彩瓷胎体则较厚重。另外，珐琅彩瓷曾一度因清宫庭的衰落而断烧甚至消失，而粉彩瓷无断代生产的历史（图4-10）。

图4-10　粉彩牡丹花吸杯　清代　湖北省博物馆藏

二、中温颜色釉

中温颜色釉是颜色釉的门类之一，中温釉指熔融温度介于800~1200℃的釉。烧制温度处于低温颜色釉和高温颜色釉烧成温度之间。中温颜色釉已经摆脱低温釉以铅作为溶剂的烧成制度，开始使用金属化合物作为着色剂进行高温烧制。又因其时代的生产力限制，中温颜色釉在低温颜色釉与高温颜色釉之间只起衔接作用，故使用中温颜色釉为装饰的瓷器门类较高温、低温釉来说较为稀少。

翠蓝釉是一种以铜为着色剂的中温釉，产生于辽代，金代得到延续，造型以瓶、盘、罐为主，还有少量的香炉、塑像等。器物的型式较为单一，胎质较粗，均施化妆土，釉层剥脱现象严重，装饰以釉下黑彩花卉纹最为常见（图4-11）。

图4-11　绿釉长颈瓶　辽代　1956年辽宁省新民市法哈牛镇巴图营子村辽墓出土　辽宁省博物馆藏

元代中晚期是翠蓝釉的发展期，器物类型以罐、瓶、香炉为主，还有盘、碗、器盖、盒、盆、执壶等。器型较之前明显丰富，胎体较厚重，釉色较前期光亮，但剥釉现象仍较常见，装饰技法除了最常见的釉下黑彩外，还有刻划、浮雕、镂雕、贴塑、描金等，纹饰仍以各式花卉纹为主。明代是翠蓝釉的鼎盛期，明代早期的翠蓝釉瓷器以景德镇烧制的翠蓝釉青花盘、碗为主，都有宣德年款。中期器物数量、类型大大增多，以盘、瓶为主，还有香炉、碗、罐、壶、碟等，其中又以梅瓶最为常见。器物胎质由于窑场的不同有所差异，但釉面大多清澈莹润，胎釉结合较紧密。装饰手法上，新流行釉下钴蓝彩，即青花，但这仅见于景德镇窑场，其他窑场所烧制的翠蓝釉瓷器仍以釉下黑彩及刻划纹饰最为常见。纹饰上，具有道教色彩的纹饰开始流行。这一时期，翠蓝釉还经常出现在红绿彩瓷、素三彩、五彩瓷等多彩瓷中。所谓中温釉是指熔融温度介于800~1200℃的釉料，而导致这种熔融温度的原因是釉料中助溶剂的成分。有学者对各个时期不同窑址的翠蓝釉做过化学成分分析，结果表明不同地区或不同时代的翠蓝釉，其配方都有所不同，不能简单地归纳为以钾为助熔剂的碱釉。且翠兰釉料一般都有高于一般瓷釉的硅铝比，再加上碱金属或钙对其进行助融作用，使其在不用添加大量氧化铅的情况下，仍可在较低的温度下达到熔融状态。

珐华彩始于元代而盛于明朝，由翠蓝釉瓷器发展而来。以黄、绿、紫三种颜色较多，故又称"珐华三彩"，此外还有蓝、白等色，其釉层较薄且透明，可清晰映现釉下刻纹，釉面有细密鱼子碎纹，微微流淌。珐华色彩艳丽，线条生动，形象简练，具有独特的山西地区风格。它主要烧造寺庙祭器，故在釉色前冠以"珐"字，如珐黄、珐翠、珐蓝、珐紫、珐白等。这类釉料也用铜、铁、钴、锰等金属氧化物作为着色剂，但所用的熔剂不是铅粉而是牙硝（KNO_3），其用量常在50%左右。KNO_3易溶于水。直接配釉时，素坯吸入釉浆中的水分会将KNO_3带入坯体中，导致烧成时器物变形。所以要采用高温素烧的素胎来施釉，或将KNO_3制成熔块再进行制釉。对于珐华器的概念有很多争议，有学者认为用立粉技术装饰的陶胎或瓷胎制品为珐琅器，也有学者认为用珐华釉烧成的陶瓷品为珐华器。近年来，学术界探讨并统一珐华器的概念，即珐华器是胎为陶土或者瓷土，釉为中温蓝、紫、绿色等，二次烧成（陶胎珐华可一次烧成），以立粉之法为珐琅彩，辅以平涂、雕刻、镂空、贴塑等技法，饱满呈现出丰富多彩的艺术效果的陶瓷制品（图4-12）。

图4-12 珐华彩印花梅瓶 明代
吉林省辉南县辉发城出土 吉林省博物院藏

三、高温颜色釉

高温釉是指在釉中掺入不同金属氧化物的着色剂，施在瓷器的坯胎上，再将坯胎放入1250℃以上的高温窑炉中烧制，烧成后呈现不同釉色的瓷器。它以丰富多彩的釉色，精致完美的器物，风格迥异的造型，清亮耀目的光泽，成为世界陶瓷工艺美术史上一颗闪耀着夺目光彩的明珠。每件高温颜色釉陶瓷都具有独特性，正因为它的独一无二，所以具有较高的收藏价值及艺术价值（图4-13）。

陶瓷艺术在中国有着悠久的发展历史，从商代成功烧制原始瓷器至唐代之前，瓷器上主要使用的釉色分为青釉、白釉、黑釉，隋代陶瓷釉色发展处于相对稳定的状态，南方有越窑、淮南窑、湘阴窑、丰城窑的青瓷，北方有邢窑、定窑、相州窑、巩义窑的白瓷，最终形成"南青北白"的发展局面（图4-14）。唐代随着社会的稳定和生产力的提高，陶瓷制造业的生产技术也有显著的提高。由于唐代采取了铜禁的措施，进一步促进民间对于瓷器的需求，后世称为"铜器缺乏，饮茶盛行"，其政策制度及社会需求便是制瓷业发达、陶瓷艺术高速发展的主要原因。

唐代陶瓷艺术呈现出繁荣发展的景象，北方以邢窑白釉瓷为主要代表（图4-15），南方以越窑青瓷为主要代表（图4-16），这两大窑口代表唐代陶瓷发展的最高水平。唐代陶瓷在生产制作的过程中，采用淋洒的方式将各种金属氧化物附着在素胎上，由于高温的作用，在烧制过程中形成了自然流淌的效果，呈现出丰富多变的肌理和色彩。这种花釉的烧制，可以说是高温颜色釉真正的开端。

宋代在社会经济的快速发展以及统治者重视文化的时代背景下，陶瓷制造业也呈现出繁荣发展的

图4-13 青釉褐彩羊首壶 东晋 1958年温州市雨伞寺永和七年（351年）墓出土 故宫博物院藏

图4-14 白釉砚台 隋代 河南博物院藏

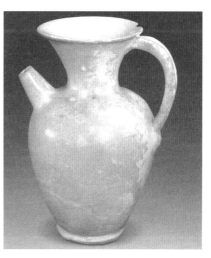

图4-15 白釉"张"字款执壶 唐代 1985年河北省临城县东街砖厂出土，临城县文物保管所藏

图4-16　青瓷黑彩贴花纹瓶　三国　南京博物院藏

图4-17　花瓷执壶　唐代　鲁山段店窑遗址出土
河南省文物考古研究院藏

图4-18　钧瓷天蓝釉盘　宋代　河南省长葛市石固窑藏出土
河南省文物考古研究院藏

盛况。在社会经济和文化的共同推动下，陶瓷生产技术显著提高，这一时期陶瓷艺术成为中国陶瓷艺术发展的第一个高峰。

宋代的陶瓷制作材料和制作工艺与前代相比都有着显著提高，统治者的审美喜好大大提升了宋代陶瓷艺术审美，使我国的陶瓷美学达到一个新的高度，对后世的陶瓷艺术生产制作产生了深远的影响。宋代无论在陶瓷产量还是陶瓷艺术的质量上都取得相当高的艺术成就。宋代陶瓷窑口遍布全国各地，南北方的窑口创造出各种独具风格的陶瓷品种，这一时期的窑口大都以釉色取胜。除去传统的青瓷、白瓷及黑瓷外，还创造出黑釉花瓷（图4-17）和钧瓷（图4-18）等品种，陶瓷造型变化多端，造型手法多种多样，这一时期的颜色釉装饰进入一个成熟时期。

元代北方的制瓷业衰落，大量的制瓷手艺人逃到景德镇，大大提高了景德镇陶瓷制作技艺。元代景德镇在青花瓷烧制方面取得巨大成就的同时，也出现了各种各样的铜红釉、钴蓝釉等高温单色釉瓷器（图4-19）。

明代景德镇成为全国的制瓷中心，景德镇的陶瓷无论从产量还是质量方面都大大超出全国其他窑口。明代宋应星在《天工开物》一书中写到"合并数郡，不敌江西饶郡产……若夫中华四裔驰名猎取者，皆饶郡浮梁景德镇之产也"[1]，可见明代景德镇制瓷业的发达。这一时期，高温颜色

❶ 宋应星.天工开物 [M].北京:中华书局,2021:291.

釉制瓷工艺取得显著的提高，成功烧制多种高温颜色釉，尤其是高温铜红釉的烧制成功代表着明代高温颜色釉烧制的最高水平。在明代宣德时期，除了常见的甜白釉、霁蓝釉和霁红釉外，还出现了蓝色釉、米色釉、紫金釉和月白釉等诸多高温颜色釉品种。在这些高温颜色釉中最具有代表性的是呈现出浓艳色彩的铜红釉和被推为"上品"的蓝釉瓷，这两种高温颜色釉呈现出与众不同的工艺美和艺术美（图4-20）。

清代景德镇仍然是全国陶瓷制造业的中心，陶瓷的生产制作达到最高峰。陶瓷制作工艺逐渐成熟，造型多样，装饰手法精湛，这一时期的陶瓷生产在工艺性和艺术性上都达到最高水平。景德镇御窑厂烧制出大量高温颜色釉瓷器，尤其以康熙时期红釉瓷器的烧制最为著名，其中具有代表性的是豇豆红釉、金红、珊瑚红等（图4-21）。另外还对青釉系进行发展，如冬青、苹果青、湖水绿等釉色的烧制。到了雍正时期，随着制瓷工艺的进一步发展完善，陶瓷工匠在高温颜色釉烧制技艺和对温度的控制方面都达到了炉火纯青的境界。雍正时期的高温颜色釉瓷器无论是种类还是烧造质量上都达到了相当的高度，这一时期主要的高温颜色釉种类有松石绿釉、淡粉釉、蛋黄釉以及仿木纹釉等多个品种。乾隆时期的高温颜色釉烧制出现了大量的仿斑花石釉、仿铜金釉、仿漆釉、仿木纹釉等颜色釉种类（图4-22）。在清朝，高温颜色釉釉色体系逐渐形成，主要是以红色、青色和蓝色为主要色调的体系以及花釉体系等。

图4-19 蓝釉描金爵杯 元代 1987年浙江省杭州市朝晖路元代窖藏出土 杭州博物馆藏

图4-20 红釉僧帽壶 明代 2002年江西省景德镇明清御窑遗址出土 景德镇市陶瓷考古研究所藏

图4-21 矾红高足杯 明代 1993年江西省景德镇明清御窑遗址出土 江西省景德镇市陶瓷考古研究所藏

图4-22　孔雀绿釉荷叶式洗　清代　中国国家博物馆藏

民国时期社会动荡，民不聊生，在此社会环境下，陶瓷制造业也逐渐衰退，生产每况愈下，许多高温颜色釉的生产制作工艺失传。中华人民共和国成立后，国家组织恢复陶瓷生产，在政府的支持下，陶瓷制造业重新焕发生机，许多高温颜色釉的烧制也得以恢复。景德镇的高温颜色釉种类和装饰形式不断发展，为陶瓷艺术的发展奠定了良好的基础，为中国高温颜色釉陶瓷艺术的发展提供了一个新的机遇。

在对高温颜色釉进行分类时，一般是根据其化学性质或者外观来分类。在按化学性质进行分类时，又可以根据不同釉的化学性质进行小的分类。按照釉的熔融性质可以将高温颜色釉分为易熔融、中熔融、难熔融三种。按照所含成分进行分类，又可以将高温颜色釉分为盐釉、碱釉、石灰釉、长石釉、硼酸釉等。根据高温颜色釉在高温烧制中呈现的不同状态可以分为高温下黏度大、流动性小、附着力大、无垂流现象的釉种及流动性大、黏度小、附着力小、易出现垂流现象的釉种。通过外在直观的感受可以将高温颜色釉分为单色釉、复色釉、结晶釉、无光釉、裂纹釉等。根据不同色系，可以分为红釉系、蓝釉系、青釉系、窑变花釉系等几大釉系。

第二节 ｜ 单色釉瓷

单色釉是釉料中以金属氧化物作为发色剂，在窑炉高温烧制过程中，因窑炉气氛不同而呈现的釉色。因釉料中掺入的金属氧化物不同，釉面会呈现不同的色泽，所以，可将加入不同金属氧化物烧制后具有不同釉色的陶瓷，统称为单色釉瓷。传统釉色有以氧化铁为发色剂的青釉、以氧化铜为发色剂氧化焰烧制的绿釉、还原焰烧制的铜红釉、以钴为发色剂的蓝釉等。历史上每个时代都有不同釉色的杰出作品，如宋代青釉汝瓷、钧釉红斑、明代霁红、清代郎红、乌金釉、茶叶末釉等。

一、青釉瓷

青釉是釉料内含有氧化铁的一种石灰釉，在还原气氛烧制下呈红色，在氧化气氛中则呈绿色。我国在汉代就已用铜作发色剂烧制出低温铅釉绿陶，魏晋南北朝时期出现青瓷，如越窑，相州窑。宋代青釉瓷非常成熟，有官窑、汝窑、耀州窑、龙泉窑等。根据釉色又分为豆青、葱绿、影青、梅子青等（图4-23）。

（一）影青釉

"影青"是人们对宋代景德镇烧制的具有独特风格瓷器的俗称，由于它的釉色介于青和白之间，青中带白、白中闪青，加之瓷胎极薄，所刻划的花纹迎光照内外皆可映见，因此被称为"影青"。

"影青"的釉色主要分为两类：一是白中闪淡青色，厚处闪深绿色，莹润精细，晶亮透彻，前人把它称为"假玉器"，有晶莹如玉的美称；二是淡青闪黄，这种釉色的"影青"瓷数量最多。另外，"影青"釉中还有一种在器物周身加绘褐色的彩种，称为"点彩"。宋时点彩位置随便、自然，面积往往较小，颜色有非常明显的浓淡区别，中心处最浓，呈铁斑色（图4-24）。

（二）粉青釉

粉青釉（图4-25）是一种略带乳浊性的青釉，在龙泉窑首次烧制成功，属石灰碱釉的一种，粉青釉以铁的氧化物作为主要呈色剂，还有少量的锰、钛氧化物。宋官窑和以后的景德镇窑均有成功作品。粉青釉釉色青绿淡雅，釉面光泽柔和，达到类玉的效果，为青釉中最佳色调之一。

图4-23 青釉刻花枝叶牡丹纹碗 北宋
2015年清凉寺汝官窑遗址Ⅳ区出土 宝丰汝窑博物馆藏

图4-24 影青熏炉 宋代 淄博市博物馆藏

图4-25　粉青釉琮式瓶　南宋
龙泉青瓷博物馆藏

图4-26　梅子青釉双耳棒槌瓶　宋代
浙江省博物馆藏

粉青釉为生坯挂胎，胎中带灰，入窑经1180~1230℃高温还原焰烧制而成。由于石灰碱釉高温下黏度较大，不易出现流釉现象，因此坯体表面可施加大量釉料，使器物的釉色通过适当的温度和还原气氛达到柔和淡雅的玉质感。粉青釉的釉层中含有大量的小气泡和未熔石英颗粒，它们使进入釉层的光线发生强烈散射，从而在外观上形成一种和普通玻璃釉完全不同的艺术效果。南宋许多瓷窑均烧制粉青釉，郊坛下官窑亦烧成仿龙泉窑粉青。明、清时期的景德镇窑烧制的粉青釉，釉中除铁之外，还有微量的钴元素，因此粉青釉可以呈现出浅湖绿中闪微蓝的颜色。

（三）梅子青釉

梅子青釉（图4-26）是南宋时期创烧的品种，因其釉色浓翠莹润、如青梅色泽，故得名梅子青。梅子青釉与粉青釉被誉为"青瓷釉色与质地之美的顶峰"。有人评价它"如蔚蓝落日之天，远山晚翠；湛碧平湖之水，浅草初春"。

烧制梅子青釉对瓷胎的要求较高，釉料采用高温下不易流动的石灰碱釉，并使用多次施釉法增加釉层的厚度，在高温和较强的还原气氛下烧制，烧成后的色调可与翡翠媲美。梅子青品种仅在南宋一朝烧造，存世极少。上海硅酸盐研究所对"梅子青"胎釉测试结果表明，胎土内掺有适量的紫金土，降低胎的白度，呈灰白色，并采用石灰碱釉进行多次施釉，使釉层厚而不流，釉面光泽柔和，烧成温度提高到1250~1280℃,在强还原气氛下烧成，呈色青翠滋润。

（四）孔雀绿釉

明代孔雀绿釉烧制成熟，所有的绿釉都呈深青绿色，没有达到翠绿程度。有学者将它归于青釉瓷，但二者制作工艺完全不同。青釉瓷以氧化铁作为发色剂，用还原焰烧而成，而孔雀绿釉是以氧化铜作为发色剂，用氧化焰烧而成。烧制温度在950~1050℃。因釉色鲜艳亮丽呈现蓝绿色，如同孔雀的羽毛，所以人们将其称为孔雀绿。孔雀绿釉在宋辽时期就已经出现（图4-27），元代景德镇进一步改进，出现宣德孔雀绿地青花、成化孔雀绿地青花等新品种。

　　清代景德镇烧制的孔雀绿釉达到历史最高水平，它在外观上有三个重要特征。第一，釉色青翠亮丽，这在中国古代陶瓷釉中极为少见，没有一个能够和孔雀绿釉相比。部分孔雀绿釉绿中带蓝，有人称为"孔雀蓝"，一般认为蓝色是钴的作用，化学分析的结果表明，孔雀蓝多数与钴无关。第二，釉层清澈，很少有气泡、析晶和未熔釉料。第三，釉面密布鱼子纹大小的细密开片（图4-28）。

图4-27　绿釉鱼形壶　辽代　青州市博物馆藏

图4-28　孔雀蓝釉刻牡丹纹执壶　元-明　吉林省风华公社班德古城出土　吉林省博物院藏

二、黑釉瓷

　　黑釉属单色釉瓷，釉面呈黑色或黑褐色。发色剂为氧化铁及少量或微量锰、钴、铜、铬等元素。釉料有石灰釉和石灰碱釉两大类。通常所见的赤褐色或暗褐色瓷器，釉料中氧化铁比例为8%左右，如果施釉较厚，烧成的釉色即呈纯黑漆亮。

据资料记载，我国黑釉烧制可以追溯到东汉时期，1981年浙江省上虞市百官镇龙山河村出土黑釉五联瓶，分两层：上层由一葫芦状大瓶及四小瓶组成，瓶身相通；下层瓶体溜肩，鼓腹，下腹微斜内收，平底。胎色灰，施黑色釉，釉层出现薄厚不均的现象，常有蜡泪痕，并在器表的底凹处聚集很厚的釉层（图4-29）。东晋时期的德清窑发现大量黑釉瓷（图4-30），这些黑釉产品不使用化妆土，通过积厚釉使釉色黑如墨，可与漆器媲美，同时也能掩盖胎质粗糙所造成的表面凹凸不平现象，使器表光洁，釉层越厚，釉色越深，釉层薄处则呈酱黄色。造型有碗、盘口壶、鸡首壶、罐、灯、熏、砚、虎子、洗、盆等[1]。后来黑釉瓷又发展出花釉瓷和窑变天目瓷两大类。天目釉又分油滴釉、兔毫釉、鹧鸪斑釉等品种，将于第三节进行详细讲述。

图4-29 黑釉五联瓶　东汉　1981年浙江省
上虞区百官镇龙山河村出土　上虞博物馆藏

图4-30 黑釉四系盘口壶　东晋　浙江省德清县
三合刘家山出土　德清县博物馆藏

（一）花釉

花釉瓷器是唐代河南地区陶瓷烧制工艺中的一个创新品种，被称为"唐花瓷"。唐人南卓《羯鼓录》中记载："宋开府璟，虽耿介不群，亦深好声乐，尤善羯鼓，始承恩顾，与

---

❶ 郑建明.德清窑链轮[J].文物,2011(7):50-60.

上论鼓事，曰：'不是青州石末，即是鲁山花瓷。'"❶花釉瓷是在黑釉、茶叶末釉、酱褐釉或灰白釉等底釉上点缀白釉斑点，经高温烧制后，在黑色底釉上白斑自然流动，产生各种色彩的斑点，有浑然天成、变幻莫测之感（图4-31）。

鲁山花瓷创造二液分相釉的新技巧，为黑釉瓷的美化装饰开辟了新境界，使黑釉系瓷器出现了绚丽斑斓的窑变效果，开创了窑瓷窑变的先河。鲁山花瓷奇妙无比地出现大片彩斑，有的任意点抹，有的纵情泼洒，天机超逸，没有陈格，表现出大唐盛世的豪迈气魄，在"南青北白"的瓷器格局中独树一帜。

从工艺上看，唐钧胎质呈土黄色，其烧成温度为1250~1300℃。从胎釉结合状态看，应是一次烧成，不分素烧和釉烧。从釉色呈现

图4-31　花釉瓷蒜头壶　唐代　新野县出土
河南博物院藏

状况看，唐钧应是先在素坯上均匀施釉，之后进行点斑、泼斑或抹斑等随意性操作。从足部处理看，多半无釉或半釉，主要为了避免釉体流动过大，造成粘足等缺陷。从釉色上看，以黑釉上泼斑、爆彩为显著特点。唐钧以黑白为主色调，其间黑中隐蓝，蓝中泛白，蓝白黑相间，且釉体斑纹随着烧成工艺的运行产生出流动感，呈针尖状、丝缕状、流星状、雨点状等，变幻莫测，具有丰富的审美特征。若从外观上看，与宋代钧瓷红紫相映的窑变斑彩十分相似，似乎对后来的天青紫红斑釉有一定的启发作用，但在釉料成分和烧制工艺上却不尽相同。唐钧是用含铁、钛成分的色釉人为点釉，在氧化气氛中烧制而成，宋钧则是釉内含铁、铜两种成分，在还原气氛中自然形成。

唐花瓷釉有以下特点。第一，唐花瓷以釉厚区别于当时的青瓷、白瓷和黑瓷，常有釉泪、釉痕、釉淌等凸凹现象，以"厚"著称。第二，唐花瓷造型大多以丰润、圆满、浑实、庄重、肃穆的风格出现。第三，唐花瓷釉感坚实、强硬，有一种力感和动感，渲染着张力和亢奋，饱满向上而不萎颓、轻浮，有一种"重量"感。第四，唐花瓷的艺术魅力表现着合天地自然之美，无造作矫饰，厚润美满中张扬着恢宏和庄严，追求着奔放和激荡。

❶《羯鼓录》是唐宣宗大中年间(847—859年)黔南观察使南卓所编著唐代音乐珍贵史料书。这段话中的"宋开府璟"指宰相宋璟，"上"指唐玄宗李隆基。

（二）乌金釉（紫釉）

黑釉因为氧化铁含量不同，氧化锰、氧化钴的混入，施釉的厚薄，加上燃料和窑炉温度的不稳定性，又延伸出很多釉色。乌金釉是黑釉中最莹亮的一种，有一种金属感，即铁生锈的感觉。因为釉色不稳定，变化自然，有一种厚重感和金属感（图4-32）。后来景德镇专门有烧制乌金釉的作坊。

景德镇乌金釉主要是利用景德镇郊区李家坳等地产的一种含铁量为13.4%的材料配制而成。20世纪以后，景德镇还采用工业废料或化工原料生产出非常艳丽的乌金釉，比历史上的乌金黑度与亮度都有提高（图4-33）。根据釉色工艺分纯黑和黑釉彩绘两种：纯黑为一色；黑釉彩绘用黄、绿和紫釉色为多。而乌金釉窑变是在景德镇传统乌金土配置的釉料上，通过烧成方式的改变，呈现出七彩窑变效果。与各种黑釉和天目釉的失透现象不同，乌金釉在光泽油润、明亮乌黑的基础上经过火焰烧制后形成新的纹理效果。

图4-32　酱紫釉划花卷枝纹椭圆形枕　北宋　　　　　　图4-33　乌金釉将军罐　清代　私人收藏
1979年鹤壁市定州城区中军帐村出土　定州博物馆藏

（三）酱釉（柿叶红）

酱釉也称为柿色釉、紫金釉、紫定等，是一种以铁为呈色剂的高温色釉，釉料中含氧化铁和氧化亚铁的总量较高，可达5%以上。据研究证明，只要是以铁为发色剂的高温釉，呈色为棕黄色系，即使有些偏赭、偏紫、偏红或偏褐，都可称为酱釉（图4-34）。至于个别呈色极其纯正的紫色或红色釉，根据文献记载仍称为"紫色"或"红色"更妥。

酱釉瓷器与青瓷、黑瓷一样有着悠久的历史。在酱釉瓷漫长的发展历程中，不同时期、不同地域、不同窑场所烧造的酱釉瓷器也各不相同，自成体系。东汉晚期，酱釉瓷器出现在南方江浙地区，两晋时期得到发展。南北朝时期以河北省磁县北贾壁村窑❶为代表

❶ 冯先铭. 河北磁县贾壁村隋青瓷窑址初探 [J]. 考古,1959(10):546-548.

的北方瓷窑也开始烧造酱釉瓷，隋、唐时期有所发展（图4-34）。宋、辽、金时期，酱釉瓷器的生产遍及全国，但仍以北方窑口的定窑、耀州窑和当阳峪窑堪称楷模。元、明、清时期，随着全国瓷业中心的形成，江西景德镇窑生产的酱釉瓷器一枝独秀。

明初洪武时期景德镇窑的酱釉瓷器釉层均匀，色调似佛教僧侣穿旧的僧衣，故还被称为"老僧衣"色。此后，明代在景德镇窑都生产有酱釉瓷器。如2005年北京毛家湾窖藏一次就出土268件酱釉瓷器，包括外酱釉内白釉、外酱釉内青花、内外酱釉三个品种。胎土多细白，釉色因釉料成分、釉层厚薄、烧造气氛及温度等因素的差异，呈现出酱紫、酱红、酱黄、土黄等深浅不一的色调（图4-35）。这批酱釉瓷器大多光素无纹，装饰手法以笔绘为主，另装饰少量刻划纹及贴塑乳钉纹。从工艺、造型、釉色及装饰风格看，均与宋代的当阳峪窑酱釉瓷器有异曲同工之妙（图4-36）。

图4-34 褐釉贴花盘口穿带瓶 五代
内蒙古呼和浩特市清水河县墓出土
内蒙古自治区文物考古研究院藏

图4-35 酱釉圆砚盒 元代
北京市丰台区南苑出土 首都博物馆藏

图4-36 酱釉斗笠碗 北宋 2004年当阳峪窑址出土
河南省文物考古研究院藏

三、白釉瓷

白釉瓷是传统釉色之一，由含铁量小于0.75%的透明釉料施于白胎器物，然后入窑高温烧制而成，人们习惯上将这种施于白胎上的透明釉称为白釉。严格地说，白釉是一种无色透明釉，而不是白色的釉。真正的白釉应该是乳白色的乳浊釉。白釉最早出现在魏晋南北朝时期，比青釉瓷器要晚。中国白瓷的发展历经青瓷、青白瓷、卵白釉、甜白釉、象牙白、白釉的过程。北方白釉瓷因为胎质发灰,往往施化妆土进行装饰,然后施透明釉高温烧制,釉色光泽度弱,有些发黄、发灰,容易出现脱釉现象(图4-37)。

白釉烧制工艺比青釉复杂,出现的时间也较青釉晚,一般瓷土和釉料都含有少量氧化铁,器物烧后必然呈现出深浅不同的青色。如果釉料中的铁元素含量小于0.75%,烧出来的就会是白釉。白釉瓷器开始是青白色,因为瓷器中铁的含量高于1%。在时代的发展中,各窑口逐渐降低釉料内铁的含量,使釉料的透明性大大提高,发展成我们现代观念上的白瓷釉(图4-38)。

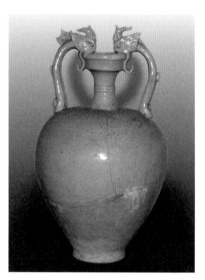

图4-37　白釉杯　北魏　洛阳汉魏故城西郭城大市遗址出土
洛阳博物馆藏

图4-38　白釉双龙柄壶　唐代
巩义市博物馆藏

(一)定白釉

定窑白瓷的烧制始于唐代,至宋代发展到顶峰,为宋代五大名窑之一,其生产的白瓷工艺水平极高。定窑的白瓷胎体洁白,质地结实,釉色润泽如玉,白中微微闪黄。定窑的烧制在使用匣钵的基础上又创造了覆烧技术,提高了瓷品的产量,但盘、碗因覆烧,进而产生了芒口及垂釉现象(图4-39)。

北宋后期白瓷装饰工艺也成熟起来,刻画装饰纹饰线条粗犷有力,划花装饰线条纤细流畅。印花装饰最多,纹饰构图严谨、层次分明,有牡丹、莲花、萱草等花卉纹,动物纹则有凤凰、孔雀、鹭鸶、鸳鸯和鸭等禽鸟,龙则辅以云纹或海水纹,此外还有婴戏、水波游鱼等题材(图4-40)。

定窑由于釉色和装饰多有可取之处,一度成为官府烧制的宫廷用瓷,北方窑口争相模仿其风格,以提升品质,形成了以定窑为中心的定窑瓷系,名噪一时,传世品较多。

图4-39 白釉"官"字款碗 北宋 1969年河北省
定州市贡院内北宋太平兴国二年（977年）
静志寺塔基地宫出土 定州市博物馆藏

图4-40 白釉"官"字款花式口托盏 北宋
1969年河北省定州市贡院内北宋太平兴国二年（977年）
静志寺塔基地宫出土 定州市博物馆藏

（二）卵白釉

卵白釉瓷器因釉色似蛋青，呈现白中微
泛青的色调而得名。卵白瓷在南宋时期开始
出现，可能由于煤的使用，提高了窑炉温度，
烧制气氛发生变化（图4-41）。元代景德镇
窑烧制的白釉，因为底款有枢府铭文，所以
卵白釉也叫枢府瓷。"枢府"是元代掌管国家
军队大权的重要机构"枢密院"的简称。在
元代白瓷上模印"枢府"字样的瓷器一般被
认为是景德镇为"枢密院"烧制的专用瓷器。
除"枢府"字样外，在元代卵白釉瓷上还见
有"太禧""东卫""福禄""白王"等铭文，
但更多的卵白釉不带铭文。

元代"枢府"瓷制作规整，品质优良，
多有印花装饰。其主要装饰手法是模印，题
材比较简单，以云龙纹和缠枝花卉纹最常见，
因"枢府"釉属乳浊釉，故纹饰清晰度较低。
"枢府"瓷与民用的卵白釉瓷相比，显得尤为
精致，修足规整、足底无釉，底心有乳钉状
凸起，胎体厚薄适中。元代景德镇窑卵白釉
瓷器的创烧，为明代永乐、宣德时期甜白釉
的发明奠定了基础（图4-42）。

图4-41 卵白釉堆塑高足杯 辽代 1993年辽宁省
朝阳市双塔区红旗街道西上台辽墓出土 朝阳博物馆藏

图4-42 卵白釉双系三足炉 元代 1972年北京市
永定门外小红门元大德九年（1305年）张弘纲墓出土
首都博物馆藏

图4-43　白釉碗　宋代　德化陶瓷博物馆藏

图4-44　甜白釉暗花云龙纹梨式壶　明代永乐年间
1962年北京市新街口外小西天清代黑里氏墓出土
首都博物馆藏

图4-45　甜白釉爵　元代　私人收藏

（三）象牙白釉

明代德化窑改变胎质烧出纯白釉瓷作品。因釉中三氧化二铁含量极低，氧化钾的含量适中，再加上烧成时采用中性气氛，所以釉色特别纯净。从外观上看色泽光润明亮，乳白如凝脂，在光照之下，釉中隐现粉红或乳白，因此有猪油白、象牙白之称。欧洲人又称这种釉色为鹅绒白、中国白（图4-43）。

（四）甜白釉

甜白是永乐窑创烧的一种白釉。其制作工艺极为复杂，尤其是脱胎制作工艺，大约需要几十道工序。永乐白瓷制品中许多坯体都达到薄到半脱胎的程度，能够光照见影。在釉暗花刻纹的薄胎器面上，施以温润如玉的白釉，因其比枢府窑卵白釉有更加明显的乳浊感，给人以温柔甜净之感，故名"甜白""葱根白"。景德镇甜白釉的烧制成功，为明代彩瓷的发展创造了有利条件。明清时代的斗彩、五彩、粉彩，只有在白瓷取得高度成就的基础上，才能显示出它的鲜艳色彩。明朝灭亡后，甜白釉在清代继续烧造。康熙年间甜白釉有奶粉般的色泽，白而莹润，无纹片，也称奶白（图4-44）。

甜白釉有以下特点：一是釉色洁白，肥厚莹润如玉，无棕眼；二是胎体极薄，能映见手指纹路，大部分无纹饰，少数有暗花；三是迎光透视，胎釉呈肉红色，足底折角积釉处呈淡淡的虾青色（水绿色或灰黄的光泽），釉表有细橘皮纹和少量缩釉点；四是纹饰一般刻于内壁和盖心（图4-45）。

四、黄釉瓷

黄釉瓷最早见于北朝晚期河南省安阳市相州窑（图4-46），唐代开始普遍烧制黄釉，如淮南寿州窑、巩义黄冶窑、新密西关窑等（图4-47）。辽金时期对黄釉瓷的发展起到推动作用，釉色覆盖能力强，透明度高，出现很多佳作（图4-48）。明代黄釉瓷进一步发展，洪武到宣德年间的浇黄釉瓷有着独特的艺术效果，弘治年间的烧制技术非常成熟，在白胎上直接浇釉或素胎上直接施釉烧制（图4-49）。

图4-46　黄釉胡旋舞扁壶　北齐　河南博物院藏

图4-47　黄釉执壶　唐代　1959年安徽省泗县出土
安徽省博物院藏

图4-48　黄釉龙柄洗　辽代　1971年北京市西城区
锦什坊姐辽墓出土　首都博物馆藏

图4-49　黄釉梨形执壶　明代　1993年江西省景德镇
明清御窑遗址出土　景德镇市陶瓷考古研究所藏

清代黄釉瓷器以日用器皿较多，主要供宫中使用。雍正年间随珐琅彩从国外引进一种锑黄釉，器物烧成后呈柠檬黄色，釉色稚嫩、淡雅、宁静、柔和，是清代黄釉瓷中最具代表性的品种。同时，黄釉是皇家控制最严格的一种釉色。中华民族一向崇拜黄色，在历史文化的逐渐发展中，黄色成为只属于帝王的专用色。黄釉瓷除了用于地坛祭地的主要用途外，还广泛应用于宫廷饮食。黄釉瓷作为清宫祭礼器物的相关规定出现在乾隆十三年的《皇朝礼器图式》卷一"祭器"中"地坛正位：登、簠、簋、豆、尊、爵；社稷坛正位：尊；太庙正殿登"❶等所陈列的陶瓷祭器之都为黄色瓷。

（一）弘治黄釉

弘治黄釉是明代弘治朝生产的一种高品质的黄釉瓷器（图4-50），它是以铁为发色剂的低温黄釉，烧成温度850~900℃。此种釉瓷器在宣德时期已经烧成。因呈色淡而娇艳，釉面肥润莹亮，故有"娇黄"之称。这种黄釉瓷器是用浇釉的方法施釉，也称作"浇黄"。明代施黄釉的方法有两种，一种是直接施于无釉的烧结瓷胎上，另一种是施于白釉瓷器的釉面上，传世品中大量的黄釉瓷器则是用后一种方法上釉并烧制完成的。由于不同窑口生产的弘治黄釉所使用的上釉方法不尽相同，所以不同窑口所生产的黄釉的色感、质感也不同。弘治黄釉淡雅纯正，质感好，其主要器形有双耳罐、牺耳罐、绳耳罐、盘、碗等，有的还加上金彩纹饰，增加艺术效果。

图4-50 黄釉盘 明代弘治年间 北京市169中学出土 首都博物馆藏

（二）蛋黄釉

蛋黄釉（图4-51）出现于清康熙年间，因色如鸡蛋黄而得名，多用于一色釉器。蛋黄

❶ 允禄,蒋溥,等.皇朝礼器图式[M].清乾隆武英殿刊本:164-166,168,171-172,180,217.

釉与蜜蜡色、浇黄的釉色相比显得淡而薄，滋润无纹片。康熙年间釉黄微重，釉层透明。到乾隆年间，因釉中掺有玻璃白，使釉汁混而不透、呈色嫩淡。

（三）淡黄釉

淡黄釉（图4-52）由淡黄彩发展而来，淡黄彩最早见于康熙时从西方进口的珐琅彩料中，属于低温釉上彩，雍正时对其稍加改进，用来烧造淡黄釉瓷器。通过化学分析可知，珐琅彩和粉彩中黄彩以及颜色釉中的淡黄釉均以氧化锑作为着色剂，而在康熙以前，五彩中的黄彩或低温色釉中的浇黄，都属于以氧化铁为着色剂的铁黄。根据光谱分析结果表明，锑黄中含有锡，二氧化锡是作为锑黄的稳定剂而特意添加进釉料并进行烧制的。

（四）鳝鱼黄釉

鳝鱼黄釉为结晶釉的一种，配釉时加入少量长石，并加少量的镁，经1300℃左右的高温氧化焰烧成。其釉色黄润，带黑色或黑褐色斑点，像鳝鱼的皮色，故名"鳝鱼黄"。明代鳝鱼黄的称呼就已出现，《匋雅》说"鳝鱼皮以成化仿宋者为上"，说明鳝鱼黄釉宋已有之。清代前期的官窑也有意仿造，但最终以失败告终，康熙时藏窑有蛇皮绿、鳝鱼黄等品种（图4-53）。

（五）茶叶末釉

茶叶末釉是我国古代铁结晶釉中重要的品种之一，属高温黄釉的范畴。茶叶末釉经高温还原焰烧成，釉呈失透的黄绿色，在暗绿的底色上闪出犹如茶叶细末的黄褐色细点，表现出了古朴清

图4-51 黄釉凤首提梁壶 清代康熙年间 故宫博物院藏

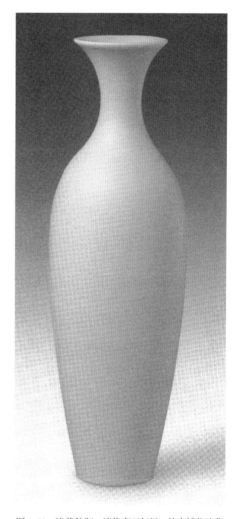

图4-52 淡黄釉瓶 清代雍正年间 故宫博物院藏

丽、耐人寻味的艺术审美特征。江苏省扬州市曾出土多件唐代茶叶末釉器，宋、明时期的产品亦屡有发现。清代前期的官窑有意仿造明以前的茶叶末釉。从传世实物来看则以雍正、乾隆时期的产品为多，并以乾隆时的烧制最为成功。茶叶末釉中绿者称茶、黄者称末。雍正时有茶无末，乾隆时则茶末兼有，釉色偏绿者居多，有的上挂古铜锈色。茶叶末釉色因具有青铜器的沉着色调，常被用来仿古铜器，所以又叫"古铜彩"（图4-54）。

图4-53　褐黄釉缸　清代雍正年间　故宫博物院藏　　图4-54　茶叶末釉瓶　清代　故宫博物院藏

五、红釉

红釉的出现可以追溯到宋辽金时期的红绿彩器（图4-55），但是真正纯正、稳定的红釉瓷在明代初年才出现，釉色纯净靓丽。嘉靖年间又创烧出以铁为发色剂的矾红，宣德年间烧制出祭红。鲜红为高温色釉，矾红为低温色釉。红釉的种类很多，除鲜红外，以浓淡不同演变为各种不同的品种，有宝石红、朱红、矾红（牛血红、鸡血红）、霁红、抹红等。抹红带黄色的又叫杏子衫，微黄的又叫珊瑚釉，此外还有橘红和枣

图4-55　红绿彩标本　金代　新安博物馆藏

红。淡的一般称粉红，带灰色的叫豇豆红，灰而又暗的叫乳鼠皮。胭脂红也是粉红的一种，粉红中最艳丽的叫作美人醉。

（一）矾红釉

矾红釉又称铁红釉，是一种以氧化铁作为着色剂，加入铅粉及牛胶，在氧化气氛中以900℃烧制而成的低温红釉（图4–56）。嘉庆以后矾红色泽均不甚佳，到清康熙年间，矾红釉相较于前代色泽有很大的进步，康熙年间的矾红釉色泽鲜艳，华丽凝重。矾红釉色泽往往带有一种如橙子般的红色，透明度较低，但呈色稳定。

矾红釉在康熙年间由工匠使用吹釉技法衍生出珊瑚红釉。该矾红釉变种是将红釉吹在白釉之上，烧成后釉色均匀、光润，能与天然珊瑚媲美，故名"珊瑚红"。雍正时釉色闪黄，乾隆时则颜色深而釉层厚。在康、雍两朝，珊瑚红曾用作底色，上面绘以五彩或粉彩，器物的造型、制作、彩绘都极为精细。乾隆时多在珊瑚红上描金，或用来装饰器耳（图4–57）。

除珊瑚红釉外，抹红也属于矾红釉的一种，以康熙时的成就最为突出。抹红釉不是采用吹釉法对坯体进行上釉处理，而是采用刷抹釉的上釉技法，因其上釉技法的特殊性故被称为"抹红"。抹红釉层不均匀，并有刷痕，其色泽显得清丽温润。

（二）胭脂红釉

胭脂水也称"金红"，是清康熙年间从西方引进的一种红粉低温釉，精于雍正、乾隆

图4–56 矾红釉桃形注 明代宣德年间 1988年江西省景德镇明清御窑遗址出土 景德镇市陶瓷考古研究所藏

图4–57 珊瑚红釉瓶 清代康熙年间 上海博物馆藏

图4-58 胭脂红釉碗 清代雍正年间 首都博物馆藏

图4-59 郎窑红釉瓶 清代康熙年间 天津博物馆藏

图4-60 豇豆红釉水盂 清代康熙年间 上海博物馆藏

两朝。它是在烧成的薄胎白瓷上，施以含金万分之一、二的釉料，放置于彩炉中烘烤而成。其釉汁细腻，光润匀净，色如胭脂，故名"胭脂水"。胭脂水釉的器物都作为官窑产品供皇家使用（图4-58）。

（三）霁红釉

霁红釉创烧于康熙后期，是一种纯粹的深红釉。霁红的特点是釉汁凝厚，釉面密布细小的棕眼，如同橘皮，色调深红，似暴风雨后晴空中的红霞，所以得到了"霁红"这一名称。霁红釉盛行于康、雍、乾三朝。康熙霁红用料较为粗犷，色泽厚重，釉色不甚均匀，红色作渗透状，釉边不齐（图4-59）。到雍、乾时，呈色稳定，红中带黑，釉面有橘皮纹和棕眼，边釉整齐，红色无显著渗透状。

（四）豇豆红釉

豇豆红釉是一种呈色多变的高温颜色釉，是清康熙时的铜红釉中名贵品种之一。豇豆红釉釉色浅红，釉面多绿苔点。这种绿色苔点本是烧成技术上的缺陷，但在浑然一体的淡红中掺杂着点点绿斑，反而显得幽雅清淡、柔和悦目，给人美感并引人遐思，因而成为豇豆红釉的艺术表现特征。由于铜在各部分的密度不同，烧成后呈色各异，有的在匀净的粉红色中泛着深红斑点，有的红点密集成片，部分窑口生产的豇豆红瓷器釉面则在浅红色中映着绿斑或色晕。因此有"绿如春水初生日，红似朝霞欲上时"的美誉（图4-60）。

六、蓝釉

蓝釉以天然钴土矿为着色剂,除含氧化钴外,还含有氧化铁和氧化锰。蓝釉最早见于唐代三彩釉陶器中(图4-61),但这时还是低温蓝釉,只有绮丽之感,缺乏沉着色调。宋代钧窑以天蓝釉为主色调的蓝钧釉,是釉中氧化铁起到的作用。高温钴蓝釉在元代青花瓷中大量出现。明代宣德年间,蓝釉器物多而质美,被推为宣德瓷器的上品。清康熙年间又出现霁蓝釉、孔雀蓝(绿)釉、天蓝釉、回青釉、洒蓝釉等品种。

(一)高温钴蓝釉

高温钴蓝釉瓷器是元代景德镇窑的新品种之一,它是明代霁蓝釉的前身。元代蓝釉器的造型有梅瓶、匜、爵、小杯、盘等。装饰方法有描金和用白泥堆贴龙、飞凤、海马纹等,用白龙纹装饰的蓝釉器仅见梅瓶和盘(图4-62)。

(二)霁蓝釉

霁蓝又叫积蓝、祭蓝,其特点是色泽深沉,釉面不流不裂,色调浓淡均匀,呈色也比较稳定。霁蓝釉盛行于明代宣德年间,《南窑笔记》中把它和霁红、甜白等色釉相提并论,并推为宣德瓷器的上品。霁蓝器物除单色釉外(图4-63),往往用金彩进行表面装饰,除此之外,还有刻、印暗花的装饰手法(图4-64)。宣德时的产品以暗花居多,清康熙年间的霁蓝也颇有成就,薄釉无开片,釉色较昏暗。

图4-61 蓝釉陶净瓶 唐代
1981年洛阳龙门安菩墓出土 河南博物院藏

图4-62 蓝釉白龙纹梅瓶 元代 扬州博物馆藏

图4-63　霁蓝釉爵杯　元代　歙县博物馆藏

图4-64　霁蓝釉金彩梅花纹杯　元代　河北博物院藏

图4-65　孔雀蓝（绿）釉凸螭纹鼎
清代康熙年间　故宫博物院藏

图4-66　天蓝釉鼓钉盖罐　清代雍正年间
故宫博物院藏

（三）孔雀蓝（绿）釉

孔雀蓝釉为蓝釉瓷器的一种，属于低温釉的范畴。一般蓝釉由高温烧成，所以釉面不易脱落。而孔雀蓝釉则常于制好的素坯上直接挂釉，或于白釉器上挂釉烧制。在素坯上直接挂釉的方式会导致釉层极易出现开片剥落的现象。孔雀蓝釉器物中，多为不同规格的大盘，小件器较少。另有祭祀用的器具，器型矮短，施满釉，色呈艳丽，但欠匀净（图4-65）。

（四）天蓝釉

天蓝釉是高温颜色釉，从天青釉演变而来，创烧于康熙时期，为官窑烧制产品。其釉色浅而发蓝，莹洁淡雅，像蔚蓝的天空，故名"天蓝"。天蓝釉的含钴量常处于2%以下，釉里的铜、铁、钛等金属元素均起呈色剂的作用，呈色稳定，幽倩美观，可与豇豆红媲美。天蓝釉器物的种类较多，由较小的器型逐渐向大型器型发展。康熙时天蓝釉瓷器均属小件文房用具，至雍正、乾隆两朝才见瓶、罐等大型器型（图4-66）。

（五）回青釉

回青釉是明代嘉靖时期特有的一种以进口"回青"料配釉烧成的高温蓝釉，它是在元代景德镇窑烧成的高温钴蓝釉基础上衍生出的新品种，其釉色与霁蓝釉相近，但略显浅淡（图4-67）。

（六）洒蓝釉

洒蓝釉又称"雪花蓝釉"，特指在烧成的白釉器上以竹管蘸蓝釉汁水并吹于器表，形成厚薄不均、深浅不同的斑点，所余白釉的地方仿佛是飘落的雪花，隐露于蓝釉之中。

洒蓝釉创烧于明代宣德年间的景德镇，之后因战乱原因停止烧制，到了清代康熙时期才又恢复生产。清康熙、雍正、乾隆时期的洒蓝釉瓷器呈色稳定，做工精细，并辅以金彩装饰，也有少量作用于五彩和釉里红装饰（图4-68）。由于烧造工艺极其复杂，烧制成功率比较低，因此洒蓝釉瓷器在当时也是比较珍稀的一个品种。清代后期的洒蓝釉瓷器烧造水平有所下降，胎和釉等方面都无法与清早期的器物相比。

图4-67 蓝釉渣斗 清代雍正年间 故宫博物院藏

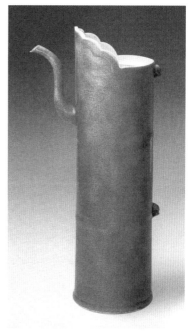

图4-68 洒蓝釉竹节式多穆壶
清代康熙年间 故宫博物院藏

第三节 | 窑变釉

窑变釉是指在一种釉色的烧制过程中，经过高温烧制的金属氧化物在窑炉内产生化学反应而形成的一种不可预见的艺术效果。如钧瓷以氧化铜作为发色剂原料，在氧化气氛烧制中就变为绿色，在一氧化碳气氛中烧制则变成红色。另外，同样一种釉色在烧制过程中由于烧制温度的高低，施釉的厚度不同会产生一种意想不到的艺术效果，如黑釉窑变产生的天目釉，衍生出油滴釉、玳瑁釉、兔毫釉等艺术效果，或者产生褐色釉、酱色釉、黄色釉等陶瓷品种。所以窑变是在陶瓷釉烧过程中，由于窑内多种气氛与釉料本身含有的金属氧化物发生反应，造成烧制完成后的瓷器釉面出现超出制作者心理预期的釉色表现。瓷器烧造完成后未达预期的形状或釉色，发生特异的情况都称为"窑变"。据《景德镇陶录》记载："窑变之器有三：二为天工，一为人巧。其由天工者，火性幻化，天然而成……其由人巧者，则工故以釉作幻色物态，直名之曰窑变，殊数见不鲜耳。"❶目前窑变釉瓷有钧瓷釉、天目釉等。

一、钧瓷釉

（一）传统钧釉

钧釉的出现源于唐代花釉瓷的烧制和发展，正式开始烧制始于北宋。宋徽宗初年，在禹州钧台附近建官窑为皇宫烧制贡瓷，为钧瓷艺术的全面发展提供了良机。

钧瓷之所以会出现窑变现象，与钧瓷使用独有的矿物原料、不同的胎质和造型、釉料的化学组成、釉料的加工、施釉工艺和烧成工艺等均有极为密切的关系，窑变现象是这些多变的工艺因素综合反映的结果。根据现代科学技术分析，钧釉的基本成分有十几种，主要着色物质为氧化铜和氧化铁，这两种氧化物在瓷釉中随着含量多少、烧成温度、气氛和周围介质类型的不同，呈现出多种色彩。氧化铁可呈现红、黄、蓝、绿、黑等色彩，氧化铜也能够呈现红、蓝、绿、紫等色彩（图4-69）。除此之外，这两种着色元素与杂质元素作用还会显示其他颜色。除氧化铜和氧化铁以外钧釉含有40多种微量元素，各化学成分之间具有恰当的比例，十分有利于钧釉窑变现象的产生。钧釉属富含磷的高铝硅酸盐玻璃，在烧成过程中发生液相分离，使釉具有乳光效果并富于窑变，釉面产生出多变的纹路和肌理。釉中的主要发色剂铁和铜对烧成时的气氛变化极为敏感，属多变价元素，随着气氛的变化，其着色情况也在不断变化，从而赋予钧釉更为复杂的窑变色彩（图4-70）。

---

❶ 蓝浦，郑廷桂.景德镇陶录[M].杭州：浙江人民美术出版社，2019：313.

图4-69　钧釉瓷标本　北宋　2013年禹州神垕镇钧窑遗址H38出土　河南省文物考古研究院藏

图4-70　钧红釉鼓钉三足洗　宋代　上海博物馆藏

　　除釉料的化学元素组成因素外，钧瓷在施釉时釉层厚度不同，送入窑炉烧成后釉面的窑变效果也不同。学术界普遍认为釉层厚度较高所产生的窑变效果可以带来极高的艺术鉴赏效果，反之釉层较薄时，釉面颜色变化少于前者。

　　另外，采用不同的上釉方法也会产生不同的窑变效果。一般而言，釉层较厚会导致乳浊程度高，纹路容易形成，带来釉面色彩极其丰富、给人朦胧之感的艺术效果。除上釉工序外，烧成是钧瓷生产最为关键的工序之一，烧制过程中每一环节的微妙变化都会影响钧瓷最终的窑变效果。蚯蚓走泥纹是钧釉瓷的特征之一，其釉层中，常有一条条曲折线，状如蚯蚓走泥（图4-71）。这种艺术特征是釉层在干燥时或者烧成初期发生干裂，后来在高温阶段又被黏度较低部分流入而填补裂缝所形成的。钧釉的釉层特别厚，瓷胎在上釉前先经素烧，因而出现裂纹和缩釉等现象（图4-72）。

　　古代窑口烧制钧瓷所使用的窑炉普遍由人工进行操作，气候的风冷热干、阴晴雨雪对其都有一定影响，这些影响包括窑炉升温的难易、烧成周期、火焰长短、气氛轻重以及窑内介质的均匀性等。除窑炉因素外，瓷坯的摆放位置也与钧瓷窑变成色有着巨大的联系，如装窑时产品摆放的位置、装窑产品的稠密与稀少、烧窑时所用燃料质量的优劣、还原气氛的轻

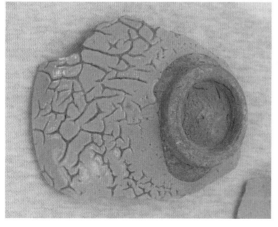
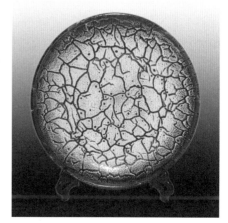

图4-71　钧釉蚯蚓走泥纹　金代　鹤壁窑博物馆藏

图4-72　钧窑蚯蚓走泥纹挂盘　现代

重、烧成温度的高低、烧成时间的长短、住火后冷却速度的快慢、气候的变化以及烧窑工技术水平的高低等因素，都会使钧瓷产生不同的窑变效果。

（二）新钧釉

新钧釉采用氧化焰烧制而成，20世纪80年代在禹县钧瓷一厂开始摸索实验。因在釉色中加入还原剂碳化硅，在纯氧化气氛高温中，碳化硅与釉中的氧化铜发生反应，铜被还原呈现红色。新钧釉的釉色靓丽，深受人们喜爱，曾经风靡一时。

新钧釉有以下特点。第一，烧制气氛由原来的还原焰变为氧化焰。第二，窑炉由过去煤烧倒焰窑改为煤烧推板窑，省去匣体。第三，釉色成分与传统钧釉相比，除基本成分相同外，增加铝硼熔块作为助溶剂，这是最大区别。第四，釉面效果与传统钧釉相比，以紫红色为主，色调鲜艳，光泽强，釉层较薄，透明度高，但窑变效果没有传统钧釉丰富多彩。第五，坯体多采用白胎，直接上釉一次烧成。底足抹有芝麻酱色护胎釉，也有用灰黄胎的，釉色没有白色的鲜艳，但比白色更稳重。第六，主要产品有文具、茶具、酒具、碗、烟缸、樽、炉、人物、动物、花瓶等（图4-73）。第七，呈色稳定，成品率高，成本降低。

图4-73　钧瓷展

（三）炉（卢）钧釉

炉钧是钧釉瓷的一种延续，因小巧便利的窑炉和还原焰烧制技艺，故称"炉钧"。由于是清末神垕镇卢氏钧瓷家族创新的一种烧制钧釉瓷的革新技术，所以又称为"卢钧"（图4-74、图4-75）。

据《南窑笔记》记载："炉

图4-74　钧蓝釉玉壶春瓶
清代　个人收藏

图4-75　窑变釉尊　清代
中国国家博物馆藏

钧一种，乃炉中所烧，颜色流淌中有红点者为佳，青点次之。"●关于神垕镇卢钧烧制没有文献记载，通过雍正七年（1729年）三月，景德镇御器厂协理陶务的唐英，曾派厂署幕友吴尧圃来禹州调查钧窑器釉料配制方法，《春暮送吴尧圃之钧州》可以佐证景德镇的钧釉瓷和神垕钧釉瓷的渊源关系。炉钧也有南北之分。

1. 南方炉钧

南方炉钧始烧于清雍正时期，盛行于雍、乾年间，以仿宜钧为旨，多以紫砂为胎，先高温素烧固胎，后在低温炉中第二次烧成。呈色典雅清新，多以红蓝相间，中杂青斑点、红斑点。以青斑点为主时称"素炉"，以红斑点为主时称"晕炉"。雍正时期炉钧釉面流淌大，因红斑似高粱穗状，故有"高粱红"之称。《景德镇陶录》记载："炉钧釉，色如东窑、宜兴挂釉之间，而花纹流淌变化过之。"❷炉钧色调丰富，月白、葱翠、钧红、朱砂红等诸色皆备。由于使用熔块釉，所以光泽性强，外表华美、艳丽，但缺少高温釉那种厚重、奔放感（图4-76）。雍正年间炉钧的釉流动很快，流动处呈现紫红，釉面常有橘皮纹似片状，反光显五色。乾隆时的窑变流动状如雍正时期，釉中窑变纹颜色泛蓝。到嘉庆时流得更不畅，釉色泛蓝。道光后炉钧不再是自然窑变，而是用紫笔画上去一个个比小米粒略大的圈圈。

2. 北方炉钧

北方炉钧是由神垕卢氏钧瓷世家创烧的一种釉色独特的钧釉瓷。据《钧瓷志》记载，清光绪五年（1879年），神垕窑工卢振太、卢振中及振太之子天福、天增、天恩兄弟三人，受古玩商人高价收买宋钧的影响，立志恢复钧瓷。经过几十年的反复试验，摸索出在釉料中加入铜，并用焦炭捂火还原的方法，在风箱窑炉中烧制出小件仿宋钧瓷，使断烧三百多年的钧瓷技艺得以恢复。这种风箱窑炉结构简单，其设施主要有窑膛、炉栅、活动盖顶、灰坑、风箱、匣钵、支具等。窑膛内直径约40厘米，深约50厘米，窑膛内每次放一个匣钵，匣钵内放1~2件作品。窑底为炉栅，炉栅下为落灰

图4-76 炉钧釉琮式瓶 清代乾隆年间
故宫博物院藏

● 张九钺. 南窑笔记 [M]. 桂林：广西师范大学出版社，2012:45.
❷ 蓝浦，郑廷桂. 景德镇陶录 [M]. 杭州：浙江人民美术出版社，2019:144.

图4-77　炉钧香炉　清末至民国时期
钧官窑址博物馆藏

坑，窑膛上部是一活动盖顶，盖上活动盖顶捂火可造成窑炉内还原气氛。炉钧使用燃料为焦炭，系一次添加，整个烧制过程2~3小时即可完成（图4-77）。

3. 艺术特色

炉钧的艺术特色有以下几点。

（1）釉质古朴典雅、厚重沉稳，釉色温蕴，通常没有浮光，给人久远、朴实、庄重的感觉。

（2）釉色五彩斑斓、变化莫测，入窑一色，出窑万彩。炉钧有单色釉和多色釉，单色釉指釉面以一类釉色为主，其中以红色为主的釉色有玛瑙红、鸡血红、朱砂红等，以蓝色为主的釉色有孔雀蓝、天蓝、月白等，以绿色为主的釉色有玉清等，以紫色为主的釉色有玫瑰紫、葡萄紫、茄皮紫等，以灰色为主的釉色有瓦灰、鸽灰、蓝灰、青灰等，以绿色为主的釉色有瓜皮绿、孔雀绿、鹦鹉绿等。

（3）纹路千姿百态。炉钧色彩万变，多种奇妙美丽的纹路，更能增加炉钧的神奇与珍贵。

（4）釉画意境无穷引人联想。炉钧由于釉色窑变及各种奇美纹路的相交叠置，浑然构成一幅幅神奇的天然图画，有的在青色背影上弥漫各种红色的流纹，像雨过天晴泛朝霞；有的青、紫、红、蓝诸色交错掩映，宛如瞬息万变的自然景观；有的深蓝色衬托着银色斑点，犹如星辰满天。有的似雨后彩虹，有的似礼花满天，有的似山花烂漫，有的似焰火夺目，有的高贵典雅，有的富丽雍容。一件作品在不同角度、不同时间，由不同观者观赏，气象迥异。

（四）其他钧釉瓷

钧釉瓷的出现，开创了中国陶瓷史上一种新的钧瓷窑系，南北方有很多窑口烧制钧瓷，如山西的介休窑、内蒙古的赤峰窑、江西景德镇、江苏宜兴、广东石湾等地区。清代由于新材料、新工艺的出现，钧瓷仿制更加盛行，如宜兴钧称为"宜钧"，江西景德镇的仿品称为"景钧"，广东石湾的仿品称为"广钧"（图4-78）。它们与神垕钧

图4-78　广钧罗汉坐像　清代　故宫博物院藏

釉瓷最大区别是，仿品的釉料里加入发色剂，由氧化焰烧制而成，施釉薄，釉色鲜亮，玻璃质感强，厚重感弱。

二、天目釉

天目釉也称窑变黑釉，瓷器釉色之一。天目釉釉质润泽，釉色乌黑，器物内外皆施釉，外釉接近底足，足底无釉而露胎。釉面有明显的垂流厚挂和窑变现象。天目釉初见于东汉时期，与青釉同窑烧制，至东晋时，浙江德清窑黑釉瓷色泽光亮如漆，已形成批量生产的规模。洛阳汉魏故城西郭大市出土黑釉彩绘碗，施满釉，外壁用水洗出圆点，经烧制出现黄色圆点（图4-79）。

宋代所有窑口基本都烧黑釉瓷，特别是建阳窑、吉州窑、当阳峪窑烧制的盏最引人注目。后来由于铁析晶化学反应，又烧制出油滴釉、兔毫釉、鹧鸪斑釉等不同艺术效果的黑瓷品种。黑釉瓷在宋代由入宋高僧从浙江天目山带到日本，称为"天目"釉瓷。

（一）油滴釉

油滴釉是黑釉窑变的一种类型，由于其斑点在釉上分布似油滴飞溅而得名。油滴釉的特征为釉面上有赤铁矿和磁铁矿小型晶体形成的斑点，在日光的照射下呈现出金色或银色的光芒。而"曜变"釉更是油滴釉中的佼佼者，"曜变"是黑瓷器物在光照下，从器表的薄膜上所焕发出来的黄、蓝、绿、紫等色融合在一起的彩光，变幻莫测。具体表现为釉面散布着许多黄色或浅黄花色斑点，斑点颜色周围闪耀着一圈紫蓝色的霞光，斑点颜色随光线入射方向而改变，呈现红、蓝、绿等色彩或闪射金光。从不同角度观察，颜色各异，光、色变化奇妙（图4-80）。

（二）兔毫釉

兔毫釉因在釉面上闪现状如兔毫般银光

图4-79 黑釉黄圈碗 北魏 洛阳汉魏故城西郭城大市遗址出土 洛阳博物馆藏

图4-80 油滴釉灯 宋代 漯河市博物馆藏

图4-81 黑釉兔毫碗 宋代 鹤壁窑博物馆藏

图4-82 黑釉鹧鸪斑碗 金代 平原博物院藏

的丝条纹而得名。按其釉色又分为"金盏""银盏"和"蓝盏",其中以"蓝盏"最为珍贵。在高倍放大镜下观察,可以看见其釉面有细小的蝉羽纹,点缀着像雪花片的金星、银星和红星。流淌下垂的兔毫纹,浓淡深浅不一、弯弯曲曲,宛如黄土高原的丘壑,变化无穷(图4-81)。

(三)鹧鸪斑釉

鹧鸪斑釉也称"灰被釉",天目瓷器釉色名,属于结晶釉门类。因釉内含有较多的铁元素并在釉内发生结晶反应,导致釉面呈现状如鹧鸪赤紫相间的羽毛一样的斑纹而得名。鹧鸪斑釉的记载初见于宋初的《清异录》,"闽中造盏,花纹鹧鸪斑,点试茶家珍之",黄山谷诗云"研膏溅乳,金缕鹧鸪斑"。从中可知带鹧鸪鸟羽斑花纹的黑釉盏宋初以来便深得文人墨客和品茗之人的厚爱(图4-82)。

木叶盏、剪纸贴花都属于黑釉窑变种类(图4-83、图4-84)。

图4-83 黑釉木叶盏 南宋 1996年江西省上饶电厂南宋开禧二年(1206年)墓出土 上饶市博物馆藏

图4-84 黑釉剪纸贴花碗 南宋 1975年江西省吉安县永和镇吉州窑遗址出土 江西省博物馆藏

上述不同的天目釉品种是氧化铁在完全氧化、还原及中和三种不同烧制环境下形成的结果。在氧化气氛烧制下，随着釉料流动性不断增大，氧化铁也随之产生流动，釉料会形成同胎体结合紧密的釉层并不断增厚，使得釉层显得相对透明，这也是烧制温度越高釉色越深的原因。还原气氛烧制下，随着釉料与胎体之间形成胎釉结合层，氧化铁颜色也由棕色变成黑色，在更加透明的玻璃釉层下呈现蓝黑色。但并非所有的氧化铁都在透明玻璃釉层之下，有部分氧化铁被吸附到釉层表面，经过再次氧化后变成更稳定的红色。这种现象在烧制结束时采用氧化气氛或在氧化气氛下冷却，或从窑炉中取出时才会产生，因此，通过还原会产生整体蓝黑色、边缘呈锈色的天目瓷釉。

第四节 | 其他陶瓷釉

陶瓷釉料是陶瓷作品必不可少的重要因素，古代工匠们运用自己的智慧不断创烧出各种丰富多彩、具有审美韵味的陶瓷釉料。除单色釉及窑变釉等具有强烈美学装饰的釉料外，还相继创烧了裂纹釉、结晶釉等具有独特美学韵味的陶瓷釉料新品种。20世纪以来，陶瓷釉料快速发展，人们在现代科学技术的加持下又创烧出变色釉、无光釉等陶瓷釉料新品种。

一、裂纹釉（缩釉）

裂纹釉的创烧像窑变花釉一样是烧制过程中偶然发生的现象。釉面龟裂原是烧成中的一种缺陷，与分布杂乱不均的陶瓷釉面龟裂现象相比，陶瓷制品的釉面龟裂纹路均匀、清晰，布满器面时就会展现出一种特别的美感，于是人们从中得到启发，总结经验，有意识地去造成这种釉面的裂纹，这样就逐渐创造出裂纹釉（图4-85）。

裂纹釉最早出现于宋代的哥窑。据说当时在龙泉地区，有兄弟二人造窑烧瓷，哥哥造的窑称哥窑，弟弟造的窑称弟窑。《格古要论》有关于"哥窑"的记载："哥窑纹取冰裂，绍血为上梅花片、墨纹次之。细碎纹，纹之

图4-85 仿哥窑青花瓷瓶 清代 巩义市博物馆藏

下也。"[1] "弟窑"则在《钦定四库全书·浙江通志卷》中有详细记载:"龙泉县志,章生二不知何时人,尝主琉窑。凡瓷器之出于生二窑者,极其青莹,纯粹无瑕,如美玉。然一瓶一钵,动博数十金。"[2]据文献可知弟窑产品多为紫口铁足,以扮青为上,以无纹为贵。而哥窑产品的特点在于有纹片,也就是有裂纹釉。其纹路交错,形成许多细眼,称为"鱼子纹",其纹路繁密,较为细碎,称"百级碎",釉色多种多样。

裂纹釉产生的原因是釉料的热膨胀系数大于坯体的热膨胀系数,在降温过程中,釉面产生较大的张应力,从而使釉面形成许多裂纹。实践证明,增加釉料中氧化钾、氧化钠的含量,即可增加长石的含量增大釉的膨胀系数。如果长石添加过量,则容易降低釉的熔点,釉的高温流动明显。

陶瓷烧制过程中经常出现脱釉、缩釉现象,利用这一缺点,调整成分比例可以生产出缩釉(图4-86)。

图4-86 钧釉缩釉钵 现代 刘建军

二、无光釉(亚光)

陶瓷在地下长时间埋藏,釉面的光泽会减弱,受陶瓷仿古技术的影响,现在专门生产出无光釉、哑光釉,所以无光釉也称为艳消釉,特指釉面没有表现出玻璃的物理性质,适合某些场合防止浮光刺激所特制的一种釉。无光釉是一种微晶釉,其釉中析出的晶体一般用肉眼看不见。无光釉也并不是绝对没有光,而是与普通釉相比较,无光釉光洁度较差(图4-87)。

无光釉可制成多种颜色,或仿铜器、铁器、木器等。无光釉的制作方

图4-87 钧釉鸡心罐 北宋 旧金山亚洲艺术博物馆藏

[1] 曹昭.格古要论[M].北京:中华书局,2012:260.
[2] 沈翼机.钦定四库全书·史部十一·地理类·浙江通志[M].浙江大学影印本:36.

法有以下三种：第一种方法为降低烧成温度，使其不完全熔融，在表面形成橘皮纹、皱纹或丝状花纹；第二种方法为增加乳浊剂进行烧制，如二氧化钛、三氧化二铝、氧化镁等降低硅元素的含量；第三种方法为用氢氟酸人工处理。将陶瓷在釉烧温度下烧成后经缓慢冷却，并用稀氢氟酸浸蚀，可获得不强烈反光的釉面，即失去陶瓷表面上的光泽。使用上述三种方式烧制而成的无光釉瓷器表面平滑，但无玻璃光泽，表面显示出丝状或绒状的光泽，具有一种特殊的艺术美，故属珍贵艺术种类的陶瓷制品（图4-88）。

图4-88　钧釉鸡心罐　现代　孔相卿

三、结晶釉

结晶釉（图4-89）因有别样的艺术风韵，故属于艺术釉的一种。结晶釉是釉料通过氧化还原反应烧制后处于冷却的过程中，釉中某一物质自然析出晶体而形成的陶瓷釉种。结晶釉在宋代就已经被发现并应用在陶瓷制品中，主要用来制作各种多变名贵的结晶釉瓷器。

结晶釉的结晶体组织主要由玻璃粉、长石、石灰石、石英与滑石粉等构成。促进釉层析晶的氧化物主要有氧化锌、氧化钛与氧化铁，不同的氧化物在釉层生成不同的晶体，产生不同形状的结晶。晶化剂与氧化铜、氧化铬、氧化锰与氧化钴等着色剂一样，可以发挥显色的作用。釉料属于混合物，高温下熔融的釉内包含多种硅酸盐与氧化物，不同的温度下会有不同的溶解度。随着温度的降低，釉中特定物质溶解度随之

图4-89　结晶釉长颈瓶　现代

图4-90 结晶釉将军瓶 现代

图4-91 结晶釉盏 现代

下降，在特定温度下会产生饱和。如果在某个温度下该物质在釉中浓度高于溶解度，就会出现过饱和现象。当釉中特定物质在过饱和情况下，会朝自发结晶的方向发展，这种特定物质即为晶化剂。釉需要晶化剂在特定温度之下保持过饱和状态，这是制成结晶釉的必要条件。然而如果无晶化剂形成的晶核作为晶体生长的核心，过饱和状态将延续至室温。显微结构分析表明，无结晶的釉分子排列呈现出短程有序，长程无序，各向同性，无法在釉中看到晶花。因此，结晶釉配方必须添加一定的形核剂（晶化剂）来保证大量晶核的生成。结晶釉析出分为两个主要阶段，即形核阶段与晶体生长阶段，两个阶段互相关联。结晶釉如果有多余的形核剂，晶核形成速率会与晶体生长的最快速率保持基本同步。在结晶釉制作过程中，需要关注釉形核阶段与晶体生长阶段的温度，保证温度适当，以形成大结晶效果的结晶釉（图4-90）。

各个结晶釉千差万别，在烧制中会产生无法预想的奇特效果。在高温烧制之后，瓷器表面的图案，晶花的位置、形状、大小幅度与颜色都会有较大的差异，正是因为每个结晶釉都不同，所以每个结晶釉都是独一无二的作品（图4-91）。

四、变色釉

变色釉瓷又称"异光变彩釉"，是人们利用现代科学技术所烧制成功的新型釉料。与以往的陶瓷单色釉等釉料不同，变色釉拥有在不同方向、不同品种光线照射下颜色发生改变的物理性质，如在太阳光下呈淡紫色，在日光灯下呈天青色，在水银灯下是深绿色，在高压钠灯下呈橙红色等。

　　变色釉瓷器的开发可以追溯到1978年10月，绍兴瓷厂首创变色釉瓷器，为我国增添了一个新瓷种，它是迄今色泽变化最多的瓷器。变色釉以高级细瓷的白釉釉料作为基釉，以金属氧化物和非金属氧化物以及一定比例的稀土混合氧化物作为着色剂，制成釉浆后施于坯体表面，在适当的烧成温度下烧制出能在不同波长光源下改变颜色的变色釉（图4-92）。

　　瓷器从窑中高温烧制完成并取出时，无论是青花瓷还是高温色釉瓷，其釉面颜色都不会发生太大的变化。因变色釉瓷的釉料中含有多种稀土元素，经高温烧制后，釉内含有的稀土氧化物能选择性地吸收、反射不同颜色的光线，使釉面呈现出一定的色泽。因此，使用变色釉进行表面装饰的各种陈设器皿会随着不同的光源照射分别变幻出紫、蓝、玫瑰、橘红等10多种颜色，产生妙趣横生、神奇莫测的艺术效果（图4-93）。

图4-92 变色釉葫芦瓶 现代

图4-93 变色釉瓶 现代

第五章

————

陶瓷制作工艺

图5-1　红釉财神　现代　庄稼　淄博陶瓷琉璃馆藏

陶瓷制作经历五千余年历史发展，制作工艺技术不断传承、发展创新，中国的陶瓷历史、造型品种、装饰工艺和烧制技艺是最丰富、最全面的，是任何国家都无法比拟的。正是因为陶瓷泥料具有极强的延展性、可塑性和神秘性，如今陶瓷艺术家还在运用陶瓷材料创作着艺术作品（图5-1）。今天的陶艺家在日常创作中，在传统陶瓷制作技法基础上进行了创新，促进陶瓷制作技法的又一次发展。

第一节 | 成型技法

陶瓷自新石器时期诞生以来，各种各样的成型方法就随之诞生，如泥条盘筑、慢轮和快轮拉坯成型、捏塑、泥板成型等。随着工业化的推进，开始出现机器加工压制成型工艺以及现代科学技术带来3D打印成型方法。工业机械化陶瓷生产比传统手工陶瓷生产极大地节省了人力、物力，产量增加和质量的提高对传统手工陶瓷生产方式冲击很大，如何传承和保护传统陶瓷手工技艺成为当前重要的研究课题，学习传统手工成型技法，了解科技陶瓷成型技法的相关知识对高校陶瓷艺术教育十分重要。

一、手工成型

从陶瓷诞生到工业化机器大生产之前，陶瓷一直采用拉坯为代表的成型技法进行制作。早期由于社会生产力的限制，陶瓷成型技法主要由手工捏制、泥条盘筑、慢轮、快轮的技法组成。由于生产力进步、社会制度改变及人口增长，社会各阶层对陶瓷器物的需求日益增加，拉坯成型成为陶瓷制作的主流技法。

虽然拉坯成型技法成为主流，但是其他成型技法并没有消失，如泥板成型、石膏翻模等技法，这些技法在一定程度上丰富了陶瓷手工成型的方式方法，提高了陶瓷生产的效率，增加陶瓷产品的多样性。陶瓷制作工艺技术有以下几种方法。

（一）拉坯成型

拉坯成型是利用拉坯机产生的离心运动，在旋转过程中对含水半固态化的泥料按照设计构思拉伸成型的手工成型技法。拉坯造型的断面一般都以圆形呈现，当然也可以利用作用力的大小和均匀程度进行变化、调整，达到收缩自如、或紧或松、自然流畅、极富变化的艺术表现力。拉坯成型在传统陶瓷制作中普遍使用，并展现出独特的艺术表现力，绚烂夺目的彩陶、薄如蛋壳的黑陶（图5-2）、晶莹剔透的越窑青瓷，都留下拉坯技法的痕迹。

拉坯技法体现陶瓷创作者对于泥料性质、艺术思维的独到理解。拉坯技法不仅可以体现陶艺创作者的艺术设计能力和理念，还可以体现陶艺创作者对于技法的掌握和运用程度。艺术创作者们想要创作出富有审美趣味的作品，可以使用的方法多种多样，由于拉坯技法简单易学的特性，创作者们都惯用拉坯技法进行艺术创作。在创作的过程中，对于技法要点的充分理解十分重要，下面对拉坯技法进行逐一介绍。

1. 抱泥头

抱泥头步骤实际上是进一步练泥，也叫第三次练泥，指把揉过的泥料摔在轮盘上，用双手把这块泥抱正。所谓抱正就是泥和轮盘是同一个圆心，即将泥团的旋转中心与轮盘的旋转中心保持一致。这个过程的目的是将泥柱与轮盘结合得更加牢固，为拉坯准备最适宜的泥团形态。抱泥需要进行来回数次的拔高和摁压，目的是再次排除泥料中的杂质、气孔，提高泥的可塑性，在排除泥料中的杂质、气孔后还需进行最后一次抱正。泥头正不正决定了能不能拉成坯，如泥头最后没有被抱正，那么泥坯就无法进行拉坯步骤。因此在抱正泥头的环节中，陶艺创作者必须在最后的环节中将泥头抱正，才能进行下一步的拉坯工序（图5-3）。

完整的抱泥头步骤为左手用力，右手辅助。用右手沾适量水洒在泥团上，然后，两肘靠紧大腿

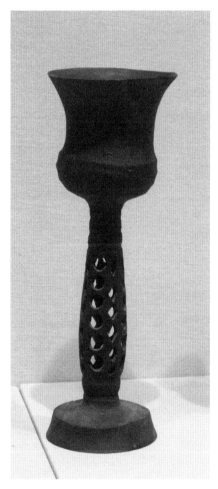

图5-2 黑陶杯 龙山文化 山东博物馆藏

图5-3 抱泥头

图5-4 开口

图5-5 开孔扩底

部，用双手抱住泥团的下部向轮盘中心用力挤压泥团，使泥团由四周逐渐向中心和上段捧起，在向上挤压的时候，陶艺创作者要保持手掌的力度一致，避免泥团的形态发生变化导致无法进行拉坯。待泥团与轮盘成同心圆时，泥团的形态呈现为塔状圆柱形，然后再用左手掌把捧起的泥团反复地捧起、压下。

"上捧"与"下压"是初学者入门关键的一步，必须长期练习熟练掌握。"上捧"就是把泥团上推到一定的高度与细度，其操作要点是：刚开始时用小拇指和无名指用力向泥团中心上方推，到适当高度以后双手合拢，推力逐渐减弱，慢慢地呈现一个柱状。"下压"就是当泥团呈适当的柱状时，平转左手，掌心向下，用力部位转到左手的拇指与食指中间，对泥柱施加向下的推力，把泥柱压到原来的形状，使圆柱状变为饼式馒头状。泥柱在下压时，由于需要加水以保证泥柱的可塑性，边缘的泥团会与水混合转变成泥浆，并与泥团混合导致"虚泥"现象出现。这时可以用右手挡住使泥不外跑，左右手同时发力使泥柱自然变成馒头状（图5-4）。

2. 开孔扩底

开孔扩底是抱泥头工序完成后进行的成型步骤（图5-5）。其具体操作步骤是将两只手稳稳地握住旋转的泥团，用左手掌向下压塔状泥柱的中心，使上部泥柱呈扁圆涡形，扁圆涡形泥团大小取决于所拉制坯体的用泥量。然后，用右手掌与大拇指按在涡形泥团上部的中间，其他四指在泥团下部自然弯曲，左手掌托着扁圆涡形泥团的下部，徐徐向上托，右手慢慢提拉上部泥团，使泥团逐步形成圆筒状，圆筒状泥柱的深度和厚度是决定坯体大小、厚薄的前提条件。

3. 拔泥筒

开孔扩底完成后所进行的步骤即为拔泥筒，完整的拔泥筒步骤是将左手插入筒状内，掌心朝胸，手指与内壁接触，右手接触筒状外壁，使内外手指互相贴合

（图5-6）。然后，用内外手指轻轻用力挤压筒状壁，使筒状泥柱徐徐升高，双手同时随筒状泥柱缓慢提高，待达到所制器物深度和厚度的要求时，再根据器物的形状拉制出其雏形。拉制盘、碗等小型器物要先拉成曲线矮筒，目的是使筒体泥柱上拉时底部仍可保持相当厚度，以利于修坯。有些大口而器型简单的器物，可用具备器物线条形状的样板片（用泥料做成经950℃温度素烧）来做最后的修整。

4. 扩形

泥筒拉制完成后即可进行扩形，其流程为双手换向，在筒内的左手和在筒外的右手分别移动至泥筒下部及上部（图5-7），右手从底部开始发力，把底部的泥用力向内挤压后，左手从泥筒内侧抵住，然后两只手同时用力，随自己的感觉和器形的要求从底部上行用力并逐步向上扩形。扩形的过程一定要顺畅、一气呵成，不可停顿。放形时左手用力，右手辅助，右手的作用是稳住左手推起的泥坯，右手对于力度的控制需要把握适当，否则右手相对用力的情况下会使器壁出现变薄的现象。

5. 收口

收口是坯体在取下前重要的一道工序，收口时一定要把握好弧线的度，处理好口部与底部之间的关系，动作要轻要慢，循序渐进、缓缓而行，以免造成坯体坍塌（图5-8）。收口过程中要用泥浆对坯体进行润泥，如使用水进行润泥，则会导致毛坯过多水分吸收，在干燥收缩过程中出现开裂。收口时要留有一定的泥量做口部成型，业内称为"留口泥"，避免泥量用尽造成残缺现象。

图5-6 拔泥筒　　　　　　　　图5-7 扩形　　　　　　　　图5-8 收口

6. 取下

坯体基本拉制成型后即可取下,将毛坯取下时需要对坯体内外轮迹和余泥由下而上抹除,左手按压毛坯的底部,右手拿割线,使割线的一端旋转于毛坯底部,右手稍用力(图5-9)。这时毛坯底部与下部分的泥团分离,双手迅速把毛坯体托起,放在坯板上,待自然干燥至适当程度后进入下道工序。

图5-9 取下

图5-10 修坯

图5-11 挖底

7. 修坯

修坯是坯体自然干燥到一定程度后要经过的重要工序,在中国陶瓷发展历史中甚有"三分拉坯、七分修坯"之说。粗坯成型并阴干后,要按品种进行修整,如盘、碗、洗、罐等器物需要进一步将内外修光并使其厚薄一致。器物粗坯既可以借助修坯工具进行修整,也可以在拉坯机上独立完成。因修坯工序是在拉坯的基础上完成,即通过拉坯成型所拉制的器物内形对外形有着决定性作用,故坯体里型线条顺畅程度决定修坯工序的难与易。

在修坯过程中,要做到"勤""稳""准""快"。"勤"讲的是要多感受坯体的厚薄,也就是用手敲打坯体,听声音来辨别坯体的厚度,以便后续在修坯过程中做到整体厚薄均匀(图5-10)。"稳"讲的是修坯过程中下刀的力度,有时候下刀可能会要求对毛坯进行一气呵成的修整,所以下刀一定要稳。"准"讲的是修坯时坯体的内形与外形要相互配合,线条要准,要流畅。"快"讲的是修一个坯的用时。

修坯的技巧是用左手轻抚坯体,右手操作刀具。选择好下刀角度,才能爽快而均匀地修坯。下刀的位置或角度不当,会产生跳刀现象。修坯应先挖底(图5-11)。把器物的内足底留厚,而后根据器形要求再进行削减。挖足的过程要有耐心，不急不躁。可以一边修坯一边进行对坯体的检查，把坯体放在手上掂一掂，放在耳旁弹一弹，根据坯体的重量和坯体发出的声音来判断厚薄。把外底的厚度与宽度旋到位后，再根据其深度判断内底的位置，按照器形的风格或设计要求决定底足的高度和宽度。

（二）泥条盘筑

泥条盘筑是指用黏土泥条或泥绳制作器皿的一种技巧（图5-12）。泥条可以用手搓或挤压制成。黏土必须在使用前准备好，要具有柔软的弹性，保证在被卷曲时不会断裂。黏土中应掺有适量的沙子和陶渣，以便在器皿干燥及以后的烧制过程中，减少坯壁弯曲和破碎的风险。在开始制坯前要准备好所有泥条，只有这样才能集中精力盘泥，使制作过程不因需要制作更多的泥条而中断。制作泥条时要在有吸水力的台面上搓揉，防止其粘黏在台面上，取下时造成断裂。因泥条盘筑的制作步骤相关细节较多，以下将详细介绍泥条盘筑法成型步骤。

图5-12 粗泥人体 陶艺 现代 尹平作品
淄博陶瓷琉璃馆藏

1. 底座制作

将黏土取出，使用拍打的方法制作一个盘泥用的器皿底座。器皿的底座应根据不同器皿造型进行塑造，在塑造底座的过程中，制作者应适当把握所塑器型，以便后续对泥条的捏制及盘筑（图5-13）。

2. 制作泥条

取出黏土，放置于一个多孔且和泥条之间不具有黏性的面板上并捏成粗状泥条。后将基本捏制成型的泥条用手掌进行搓揉，泥条的粗细需要根据不同大小的器物进行选择性揉搓。在泥条的揉搓工序中，要确认泥条被彻底搓圆，同时保持泥条的均匀厚度，在泥条的粗细程度符合需要之时便可将其连续不断地盘筑到底座上（图5-14）。

图5-13 底座制作

3. 盘筑泥条

泥条制作完成后所进行的步骤为盘筑泥条，即

图5-14 制作泥条

用手指把泥条与底座牢牢地黏合在一起，并从其内部把上下泥条各端点捏合在一起，使之密封。在连接时，应在泥条的末端以一定的角度切断，以便切口相互吻合，增强其强度和黏合力。在黏合过程中要保证在内壁把每一根泥条捏合在一起，并使其光滑，这一点很重要。如果需要外表也光滑，那么就应在器皿的外面把泥条衔接好，并且每层泥条不应在相同的点连接，否则坯壁会支撑不住。将外表的泥条全部捏合在一起会导使黏土间的结合更牢固，但如果需要，外表可以部分保留或全部保留泥条的形状。

泥条的盘筑应在转台和木板上进行，并用一只手在一旁扶着坯壁以便调整器物造型。如果器皿的形状呈垂直状，那么泥条可以直接一层一层往上盘筑。对于一件造型由下而上逐渐增大的器物而言，在堆放时，每根泥条要稍微往外边放一点；相反，则每根泥条在堆放时要稍微往里面一点，这样就可以得到一个由下到上逐渐收缩的形状（图5-15）。泥条可以同时形成器皿的结构和装饰，可以将泥条做成波浪形、三角形等，在运用泥条装饰时，要特别注意内部的密封，否则泥坯干燥后或烧制时，器皿会有裂缝甚至会完全破裂。

如需要制作规整的器物造型可以使用模板，虽然这么做会使器皿显得呆板机械、毫无生气，但可以保证获得预先确定的形状，具体造型取决于制作者根据个人的制作思维对器物造型进行盘筑（图5-16）。

图5-15　盘筑泥条

图5-16　泥条盘筑

（三）泥板成型

泥板成型就是将黏土通过挤压成泥坯，然后拼接黏贴而成型的一种方法，主要制作异形件和现代陶艺。泥板成型所用的工具不拘一格，很多材料和设备都可以利用，如木板、丝网、绳子、绝缘体、饮料瓶、报纸、纸盒等。泥板成型的关键是揉泥要到位，不然制作的作品容易炸裂和破损（图5-17）。

最简单的挤压黏土的方式，就是把柔软的黏土挤过粗糙的铁丝网孔，或者是将一段硬的金属线做成一个圈，然后把黏土泥板挤压过去。如用一块软的黏土挤压过一张粗糙的铁丝网孔，所压制的每一根独立泥条，就反映了所用网孔的形状和尺寸。各种钢板模片对挤压各种形状和尺寸的黏土十分有用。挤出来的固体部件可以被用作其他的途径，如盘泥、作为拉坯壶或手工壶的把手。

黏土要求必须柔软适度，因为挤压时坯体被分为两段，当挤压完成后，它们会被重新黏结起来。泥片或泥板制作陶罐主体可以有较大的表面，这为艺术家提供很多机会，有助于他们尝试运用各种装饰技巧。手工的挤压方法有填盒法和泥料压榨法，通常用于制作固体形的手柄或用手盘泥条（图5-18）。

1. 泥板压制

窄窄的泥片或泥条可以加工成泥板，如果采用较粗的泥板，那么挤压制成的部件可以作为面砖。用此方法制作时必须经常翻转它们，防止弯曲变形。用于制作球形物体的弯曲部件，也可以用挤压黏土的方法，使其通过变形的半圆形孔径来制成。泥板可以放在有麻布或其他纺织物覆盖的工作台上，用模具印制进行单独滚压，这

图5-17 花釉瓷塑屈原 现代 刘长远 中国陶瓷琉璃馆藏

图5-18 泥皮制作

图5-19　泥板机

能防止黏结。

　　泥片或是泥条想要加工成泥板则需要有专业器具的辅助，如泥板机、麻布、帆布等。在这些压制泥板的工具中，泥板机（图5-19）作为重中之重的工具被广泛运用于陶艺工作室中，有专用的泥板加工机可以方便艺术家制作各种厚度不同的泥板。与之相对应的麻布、帆布等将泥片、泥条与木板分离的工具则起到辅助泥板成型的作用。

　　泥板机：压制泥板的泥板机是陶艺工作室最简单的机械设备，它有两个圆辊，可调节泥片的厚薄，泥料可以被挤压成所需求的泥片。

　　麻布和帆布：挤压泥板时为了防止黏结、粘连，往往将泥料夹在麻布和帆布等韧性的材料中，这就需要准备柔韧结实的麻布或帆布等棉织品或纤维制品备用。

　　切泥弓：切泥弓可以直接切下泥片，甚至可以挤压出各种形状。由于大块的泥片在干燥和烧制过程中特别容易弯曲，所以含有烧粉熟料和沙子的粗质黏土是比较好的选择。

2. 泥板切割

　　泥条、泥片在泥板机上压制成形状不均的泥板之后，因泥板成型技法需要使用均匀的泥板进行盘旋制作，所以需要对不规整的泥板形状进行相应的加工制作。对泥板的切割需要运用相应的工具，切泥弓可作为切割、修整泥板形状的工具。对于泥板切割的要求很高，在此过程中任何一个步骤出现错误，都会导致整个压制成型的泥板无法使用。下面介绍泥板切割步骤。

　　（1）使用切泥弓在准备好的黏土块上直接切下厚薄均匀的泥板。每切下一片泥板，切泥弓就向下移动一格。

　　（2）用泥片压制机进行压制，可以得到一块均匀平整的泥片。如果没有机器，用圆滑的木棍作为滚压器也可以得到理想的泥片。

　　（3）如果让泥板放至半干状态，它们就可以被切割和黏结，硬纸板或简易的模板能使其拥有统一的尺寸。为了让泥板能粘连在一起，需要对其进行仔细地切割，然后使用泥浆黏合，也可添加一根泥条混在其中使其黏合牢固。

3. 成型步骤

　　由于泥板太软，它们会因无力支撑而塌陷，用泥板制成圆柱，或者用模具和模型成型是最好的，轮换采用这些方法是进一步加工制作的前奏。用软泥片简单地包裹一个圆管或滚轴就可以形成圆柱体，需要先用报纸把圆管包起来，以方便取出。或将泥板与木板搭配并制作成方形结构，也可以达到与圆柱体泥板相同的支撑效果（图5-20）。

（1）制作圆柱体步骤如下。

①为了制作由泥板卷成的圆柱体，首先需要切除泥板上下两端凹凸起伏的边缘，用报纸将管状物包裹好，再把泥板卷在它的外面。利用铺在工作台上的织物可以帮助完成这个程序。

②在多余泥板的重叠部分，以45°角切开，去除切下的部分，在两边的泥板中添加泥浆，使它黏合在一起，成为一个封闭的管子。

③用切割和泥浆黏合的方法可以为圆柱体添加底座，其中的管状物可以保留到黏土开始变干时取出，否则黏土的收缩会使其活动受限。

④凹凸不平的边线可以切掉。测量并标出圆柱体边线的一些最低点，再把这些点连成线，然后沿

图5-20 泥条泥板成型

此线把它切平。如果可能，用一条软而薄的泥条黏合接缝。这时圆柱体就做成了。

（2）制作盒子的步骤如下。

①把半干的泥板黏合起来可制成泥板作品，这需要把每一块泥板仔细地用泥浆黏合起来。底座上的泥板需恰到好处，再用薄而软的泥条把每一块泥板黏合成一体（图5-21）。

图5-21 泥板成型

②所用黏土在还可改变的半干状态时容易破碎，且器皿的外形也有些拘谨，这是由泥板制成的器物的普遍特征。由于干燥、烧制过程中的压力，就这类作品而言，采用粗质、多孔的黏土较合适。

③当所有的面被黏合在一起以后，可用合适的工具将其表面磨光。外表要仔细地黏合以减少开裂的风险。

④器皿的四边可以在测量后，用一把锋利小巧的切泥弓分别弄平。

⑤全部完成后将坯体放置在晾坯板上，时刻注意接缝处是否出现问题（图5-22）。

图5-22 盒子制作

图5-23 陶塑 宋代 西安博物院藏

（四）捏塑

捏塑早在新石器时代就已出现，这种制作方法一直沿用至今，小件的人物、动物器件都是运用捏塑成型制成。魏晋南北朝时期的釉陶器水井、猪栏、羊圈、厕所等部件都为手工制作而成，唐宋时期的瓷塑玩具等均为捏塑成型（图5-23）。使用捏塑成型制成器物在器壁上往往留有指纹，器形也不太规整，因而这种方法适用于制作比较小、工艺不太精致的器物。

这是最简单、最古老的制作陶瓷的办法，也是最直接的手工成型制造陶器的技巧之一，同样是对陶瓷初学者最简单地感受泥性及制作陶瓷作品的方法。对泥塑作品而言大可不必使用器具，徒手捏制有较大的自由，只需用手把泥料捏成自己想要的造型。

同时为了最大成功率及安全性，可以在泥料半干燥状态下用工具将其内部挖空，基本保持整体的厚度一致、内外干燥程度趋于一致、

烧制过程中内外温度趋于一致
（图5-24）。同样运用捏塑成型的
除陶瓷以外还有泥塑、面塑、糖
塑以及现代用橡皮、油泥制作的
作品等手工技艺。

二、机械成型

自第一次工业革命以来，陶
瓷的制作生产就进入机器大生产
时代，并逐渐在中国这块拥有
4000余年的陶瓷生产历史的土地上不断发展。

图5-24　捏塑花帽　现代　余胜华　中国陶瓷琉璃博物馆藏

现代社会人口数量庞大、社会消费能力空前发达，对于陶瓷制品的需求是古代社会无法
比拟的。不同于唐、宋、明、清时期上层社会对于精致陶瓷制品的需求，现代社会陶瓷制品
的需求主体是人民大众。随着生活的不断富足，人民大众需要具有实用性和艺术性的陶瓷制
品作为日常使用器具，这种需求促进了工业设备大规模生产陶瓷制品的趋势。

由于科技的不断进步，机器成型也从最初的注浆成型发展到压坯成型、印模成型等模具
成型技法，这三种技法占据机械成型生产陶瓷制品的半壁江山。3D打印成型技法自1986年
出现至今，已经可以满足陶瓷制品的生产要求，这无疑为陶瓷生产提供了更具科技感的成型
方法。

模具成型技法是指以模具工具为基础，在模具中注入泥浆，形成陶瓷器物的成型技法。
在模具成型技法中，一个模具可以生产出上百件相同的作品，是完美复制瓷器作品的工具。

模具类型多为陶器模具和石膏模具。陶瓷制作所用的模具主要用于印模、注浆、滚压三
种工艺。注浆用到的泥料是泥浆，印坯、滚压用的是泥料。注浆所用的模具基本上是多片模
具，制作比较复杂，而印坯模具则多为单片模具，制作相对简单。在使用模具制作陶瓷器物
中多使用印模、注浆成型等技法。

（一）模具设计制作

（1）先用泥或石膏做子模，并涂上速干漆或脱模剂。

（2）根据其造型用光滑的板材（玻璃板、亚克力板）围成大致的形状并保证子模到板材
的距离基本一致，以确保石膏吸水性趋于一致（图5-25）。

（3）通过分析，将子模画制开模线确保不卡模。

图5-25　模具设计制作

图5-26　石膏模具加工

图5-27　青白釉印花执壶　北宋　1974年辽宁省
法库县叶茂台镇19号辽墓出土　辽宁省博物馆藏

图5-28　三彩盘　唐代　巩义博物馆藏

（4）模具在两瓣及以上时应在开模线对应的石膏平面的边缘处刻出凹槽及注浆口，确保模具瓣之间的稳定性和注浆性能（图5-26）。

（5）按照结构翻制石膏瓣时，应在每一瓣表面与下一瓣对立面上均匀地涂上脱模剂，保证模具能顺利打开。

（6）待模具微干后，取出子模。

（7）待模具全部干燥后，用含有少量水分的潮湿海绵轻拭模具内部。

（8）把配制好的泥浆注入石膏模内，根据石膏模的吸水速度，实时注满泥浆。

（9）当石膏模吸浆到需要的厚度时，将模内多余的泥浆倒出并控干。

（10）待泥坯离开模壁后，再依次打开石膏瓣取出坯体即可。如需进行下一步修坯、粘接、装饰等工序时应用保鲜膜包裹或喷水保湿，如无此操作则根据实际情况待坯体微干时去掉开模线即可。

（二）印模（印花）

陶瓷印花是陶瓷装饰的一种工艺技法。首先制作刻有装饰纹样的印模，在尚未干透的胎上印出花纹（图5-27）。第二是用刻有图案纹样的模子制坯，使胎上留下花纹。现在采用丝网印刷技术，分釉上丝网印花和釉下丝网印花两种，将彩料通过花样丝网套印在制品上，层次丰富，立体感强。

印模材料也是印坯，属于模具成型的一种，也是最自然、最有效、最简单快捷的装饰形式。制作方法同模具制作方法基本相似，模具制作时对材料选择要求性不高，只要满足一定的吸水性和干燥性即可，在陶瓷制作中多选用石膏模具或经低温烧制的陶器模具。古代模具制作作品多为大件器物和小型器物，代表性作品如唐三彩（图5-28）和各种纹饰、花鸟鱼虫、小型塑像等。

　　制作方法：首先制作子模，然后在子模上涂脱模剂，如清漆、油类或胶类化学试剂等。陶模制作首先用黏土制作造型，进行低温烧制使子模具有坚固性和吸水性，然后在子模上涂脱模剂，在制作好的泥坯上按压、滚压。陶模多印制花样纹饰使用，使用印模技法能够提高生产效率，次品率较低，并保证产品工整漂亮。与注浆工艺不同，印模工艺基本都在泥坯、泥板上进行，要用手或设备进行按压、滚压才能完成，所以作品内部多留有痕迹和手印（图5-29）。

　　注意模具每次使用前要用海绵及刷子轻轻擦拭或扫拭，以确保模具的洁净。然后将揉练好的陶泥或瓷泥放置在模具内，用手或光滑的板材根据要求进行压制，达到厚薄均匀，再把多余的泥料切除即可。因为一件作品有多件分割模具组成，每件之间要保持厚薄一致，然后根据胎体厚薄程度、不同的季节温度晾晒一定时间取出。分体印制的部件需要粘接，待晾制的胎体取出后，在接缝处直接用泥浆均匀涂抹，用力按压对接，使其牢固粘接为一体，注意相互粘接的胎体都要确保干湿程度基本一致。如果印制的胎体厚薄不一致，可以用工具将其修埋（图5-30）。

（三）注浆成型

　　泥浆注型为陶艺成型的技法之一，在日用陶瓷批量生产中使用普遍，注浆成型的使用提高了陶瓷制作的难度和生产效率（图5-31）。在现代企业中，注浆成型的产品能占据生产总量的一半以上，注浆成型的器物胎体相对较薄且厚度均匀、尺寸一致，与其他配件连接较为轻松。使用手工成型技法下生产较为复杂器物是比较困难的，相

图5-29　石膏模具　宋代　登封白河窑址出土
登封窑陶瓷博物馆藏

图5-30　印花碗模具　金代　耀州窑博物馆藏

图5-31　注浆模具

对手工成型技法来说，注浆成型是生产复杂器物较为理想的成型方式。因其操作流程较为简单、便捷，故适合大部分陶艺者学习（图5-32）。

图5-32　注浆

图5-33　滚压成型（一）

图5-34　滚压成型（二）

（四）滚压成型

压坯是现代陶瓷企业不可或缺的简易陶瓷快速成型的技术手段，压坯工艺正在逐步代替主要以杯、碗、碟、盆等对称且低平的器物手工拉坯制作方式（图5-33），具有生产效率高、成本低、成品率高、材料利用率高等优点。压坯所用机器为滚压机，下文以手动滚压机压制茶杯为例进行步骤介绍。

（1）把需要压制茶杯的石膏模具放置在滚筒内，并取出泥料放置在模具内。

（2）踩住通电开关手压长柄进行压制，等待2秒左右抬起长柄，用刀片沿着模具顶部把多余的泥料去除。

（3）松开通电开关，踩住刹车开关，待停稳后去除模具，放置在晾坯台上。

（4）待胎体与模具之间有缝隙时用五指伸入杯子内取出。因模具吸水性相对较好，注意晾制时间，根据天气及石膏模具干燥程度晾制时间为20~60分钟不等，需要时刻注意干燥程度。

（5）待毛坯晾制时间达到修坯要求时，将其杯口及底足部分再放置在拉坯机上进行修整后完成。

以秋天气候为例，一个干燥石膏模具一天可以压出10~13件器物。值得一提的是，现代建筑卫生陶瓷企业对面砖及地砖同样也以压坯的方式进行生产。与传统陶瓷产业不同的是，其所有压坯机全部为自动化压坯机器，且其压坯方式为干粉冲压，冲压的产品具有密度高、强度高、产品规格一致等优点（图5-34）。

（五）3D打印成型

3D打印是一种以数字模型文件为基础，运用粉末状金属或塑料等可黏合材料，通过逐层打印的方式来构造物体的技术，该技术最早在20世纪80年代中期由美国提出（图5-35）。

图5-35　陶瓷3D打印机

陶瓷材料作为三大基本材料之一，以优良的理化特性在工业界被广泛应用。但因传统陶瓷制备工艺的限制，工业中使用的陶瓷制品往往只具备简单的三维形状。随着生产力的高速发展，现3D打印工艺技术使复杂的陶瓷产品通过打印制作成为可能。目前陶瓷制品也可以通过3D打印的形式来实现，陶瓷材料3D打印的工艺包括喷嘴挤压成型、立体光刻成型（面曝光和激光）、黏合剂喷射成型、选择性激光烧结或熔融成型、浆料层铸成型等。因一般3D打印时间较为漫长，无法通过3D打印技术进行大规模的陶瓷产品量产，故其技术现多使用于相关试验或特殊用途。

（六）陶瓷喷嘴挤压成型

喷嘴挤压成型与塑料3D打印的熔融沉积成型技术类似。因其具有加热功能，在内部将陶瓷材料加热到100℃以上，通过喷嘴挤出，因其进出材料与外界中的材料具有温度差异，所以成型相对快捷。

除此之外，也有部分工艺采用高黏度的陶瓷浆料作为原材料，直接通过喷嘴挤出后在空气中干燥固化。这种陶瓷浆料的主要成分是陶瓷粉末和黏合剂，其中黏合剂在成型过程中起到黏合陶瓷粉末的作用。无论是陶瓷喷丝还是陶瓷浆料作为原材料，这种工艺得到的三维模型都需要进一步进行热处理，即脱脂和烧结。脱脂和烧结也是传统陶瓷加工工艺中使用的致密化陶瓷产品的手段。目前来看，面向陶瓷的喷嘴挤压成型工艺受限于相对粗糙的加工精度，还主要集中于实验室研究，基于该工艺成熟的3D打印机还未出现。

（七）液态沉积型陶瓷打印技术

液态沉积型陶瓷打印技术是一种比较先进的3D陶瓷打印技术，原理与热融沉积3D打印技术相似，但与采用塑料为原材料的3D打印技术不同，液态沉积型陶瓷打印技术采用的成型原料为黏稠状泥料，其成型方式为利用气压将泥料送入挤出机内，通过挤出机内部的螺杆顺时针或逆时针旋转控制泥料的挤出与中断，挤出头沿着X轴与Y轴运动，打印平台沿着Z轴运动，3轴同步运行并且结合挤出机的出料，泥料一层一层地挤压粘接，与空气接触后自然干燥形成一定强度的立体造型，其成型方式简单，与泥条盘筑技法较为相似。

因液态沉积型陶瓷打印技术所打印的泥条精度较高、打印的原理较为简单及耗材成本相对较低，故打印出的作品具有规律的层次纹理且具备大规模高精度生产能力，并且可根据市场需求选择泥料的颜色制作不同颜色的陶瓷作品。同时，打印完成的造型稍加干燥处理便可以直接进行烧成工艺，缩短了陶瓷工艺周期，所以这种液态沉积式3D打印是目前陶瓷造型成型应用较为普遍的一种3D打印技术。现在的液态沉积式陶瓷3D打印技术通过设备的不断更新，不仅可以打印小型的陶瓷造型，微缩造型以及大型的陶瓷造型都可以通过打印呈现，可以作为打印材料的泥料种类也不断增加，打印的精细程度也在不断提高。

（八）粉末3D打印技术

现有的陶瓷粉末3D打印技术大多是将陶瓷粉末与其他材料混合打印，例如，将陶瓷粉末与光敏树脂按照一定比例混合进行打印。其原理与光固化打印原理类似，将紫外光照射在混合物表面，光敏树脂固化后起到一定的黏结作用，将陶瓷粉末粘合成一个立体的造型，坯体还要经过去除黏结剂以及烧成的工序后形成陶瓷成品。还有一种是铺粉3D打印技术，这种打印技术是将陶瓷粉末先铺在工作台上，然后通过喷嘴将黏结剂喷到指定的位置，将这一位置的陶瓷粉末黏合在一起，形成一个打印层，然后工作台下降，继续添加一层陶瓷粉末，重复喷涂黏结剂形成第二层，逐层堆积形成立体的陶瓷造型，最后将外层的粉末清理干净并回收再次利用，然后再次进行烧结，制成陶瓷成品。现有的陶瓷粉末打印技术还不是特别完善，多是将陶瓷粉末与其他材料混合打印。其打印精度比较高，但是粉末材料比较容易受环境的影响，对于设备以及原料的要求也比较高，所以制作陶瓷产品成本会相对较高，故此技术多用于陶瓷零件的加工。

图5-36　陶瓷激光雕刻机

（九）激光雕刻成型

激光雕刻成型是目前市场上陶瓷打印的主要技术，也是商业化相对成功的技术。该技术采用一种由陶瓷粉末光引发剂、分散剂等混合而成的光固化胶作为生产原材料，工艺本身与目前市场上的数字光处理快速成型和立体光固化打印机并无大的区别。有的产品会因为光固化胶的高黏度而使用特殊的刮刀涂抹手段来加快成型过程中的材料填充，但归根结底其本质与普通树脂成型并无大的区别。与喷嘴挤压出的毛坯件一样，激光雕刻工艺制造出来的3D模型也需要在高温炉中进行脱脂和烧结（图5-36）。

第二节 | 装饰技法

在数千年的陶瓷艺术发展中，陶瓷装饰工艺层出不穷，有绞胎、压印、树叶、剪纸、雕刻、镶嵌、堆塑以及丰富多彩的釉色与彩绘等。近数十年来，随着陶瓷材料科技的发展，陶瓷装饰工艺也发生了很大变化。

陶艺作品的装饰手段应用于陶瓷坯体肌理装饰、色料釉料装饰与烧成方法三个阶段，不同装饰手段形成陶瓷器物表面不同的肌理或色泽。随着现代陶瓷科技的发展及古代陶瓷装饰技法的结合运用，陶瓷装饰工艺也在日益更新。根据不同的需求，制作者宜选择与自己作品风格相适应的技法。

一、胎装饰

胎装饰就是用硬工具刻刀、锥子在素胎上直接使用镂、雕、刻、划、剔的技法装饰陶瓷图案纹样（图5-37）。

（一）镂空

镂空也称镂刻、镂雕，是陶瓷器的装饰方法之一，也是较古老的装饰方法之一，指在陶瓷胎体上进行透雕或者是穿孔的装饰方法。根据出土文物来看，新石器时期已有此装饰工艺，山东大汶口遗址出土蛋壳黑陶镂空柄杯最具代表性，器表素面磨光，杯身作宽平沿，圆底，器身饰数道弦纹。整器细腻、坚硬、轻薄，可以看出当时镂空技法的精湛（图5-38）。在出土陶瓷标本中博山炉、薰炉顶部都是镂雕工艺（图5-39）。镂空

图5-37 剔花工艺

图5-38 蛋壳黑陶杯 龙山文化 潍坊姚官村出土
山东博物馆藏

图5-39 青瓷镂空薰盖 南宋 1985年浙江省
杭州市乌龟山南宋官窑遗址出土
杭州南宋官窑博物馆藏

技法一直在各个窑口传承和发展，这种技艺在明清时期达到出神入化的水平，如清代乾隆年间的镂空转心瓶、镂空转颈转心瓶等造型，撇口，长颈，丰肩，肩以下渐敛，圈足外撇。颈部两侧各置一金彩蟠螭耳。此瓶由颈、腹、底座三部分组成，内外共三层，瓶颈与腹、腹与底座相连处由铜质铆钉加以固定，可以自由拆卸。腹部四圆形粉彩镂空开光，通过开光可窥见内瓶。从外瓶颈部注水，通过铜导管冲击勺形扇叶轮可以带动内瓶旋转。瓶通体施天蓝釉为底，上绘青花蟠螭纹。底座为莲瓣状，每片莲瓣上绘一折枝花，标志着镂空雕花技艺已达到前所未有的新高度（图5-40）。

图5-40　天蓝粉彩开光镂空转心瓶　清代乾隆年间
故宫博物院藏

图5-41　玲珑瓷　现代

还有一种玲珑瓷，在细薄的胎体上镂出图案纹样，再填入特制釉料并施一层透明釉，孔透亮且封闭，如同孔隙中放入玻璃一般，产生出一种悦人的透明效果（图5-41）。

镂空雕花在胎体半干时进行最佳，在胎体干燥后或者经过低温烧制后同样可以进行。所选用工具多为铁质及竹质的雕刻刀。以镂空果盘在泥胎半干燥的情况下为例讲解其步骤：

（1）在草稿纸上绘制图案，并用笔进行镂空预演，准备好雕刻刀、海绵、水等工具。

（2）选择合适的胎体并注意其干燥程度，用铅笔或木炭条在胎体内外绘制已确定的图案。

（3）用雕刻刀从每个图案的中心点向边缘线进行雕刻，切记不要用太大力或者一次雕透。

（4）在胎体外部已经有部分雕去的同时，在胎体内部也要进行轻微的雕刻，并用竹刀对边缘线进行加深处理，预防因用力过大出现崩裂。

（5）效果初步完成时，用海绵擦拭雕刻处，并用竹刀对细节处进行调整。

（6）用海绵擦拭锋利的棱角处使其圆滑地过渡，如追求特别的效果可以保留。

（7）完成后把胎体放置阴凉处进行缓慢且自然的阴干，如条件不允许时可以用保鲜膜进行覆盖，防止因干燥过快使镂空转折处拉裂。注意因每种泥料的性质不同，在进行图案的绘制时应充分考虑镂空的面积、位置、难易程度等，防止胎体在高温烧制时支撑不住而坍塌。

（二）浮雕贴塑

陶瓷浮雕是指在坯体表面雕刻堆砌图案，以形成装饰带、装饰图案或装饰细节的陶瓷装饰技法，新石器时代的陶器就已经出现。浮雕一般有高浮雕和浅浮雕之分，魏晋南北朝的青釉堆塑罐最具代表性（图5-42）。唐宋时期陶瓷装饰图案一般多为浅浮雕，需要堆砌或雕刻多种层次感的器物，如唐代的三彩釉陶器、动物的配饰、器皿的耳饰多印模粘贴（图5-43）。

制作浮雕效果，最简单的形式就是前文中介绍的模具成型中注浆器物的粘接，如果是微小的器物可以用印模成型的器物粘接到胎体上，粘接时一定要注意双方胎体的干燥性是否一致。如青白釉浅浮雕八角形瓶（图5-44），通体施青白釉，腹部采用八角形以缀珠纹组成，腹部以浅浮雕形式贴出花卉八组，釉色白中泛青，纹饰精美，制作十分讲究。口部、底座均为金属镶入，给器物增添了几分富丽色彩。

彩色浮雕是指透过彩色泥浆或釉料进行雕刻和雕饰，以展示釉料中的不同色彩，增加观赏性和艺术价值。该手法是最普通、广泛的装饰技巧，在各个年代和文明中都可以看到。虽然手法简单，但制作复杂、多样的装饰效果具有很大的潜力。

釉雕装饰可以在坯胎表面彩色泥浆还没有干的时候进行，也可以等半干后或完全干透后再雕刻。但是，雕刻线的质量会由于雕刻阶段釉料干湿程度的不同而不同。复杂的图案需要使用锥形工具，把图案轻轻地画在半干或全干的坯体表面，也可以刻在生釉料的表面，因釉料中含有水分，陶罐坯胎容

图5-42 青釉贴花堆塑罐 西晋
1998年安徽省当涂县太白乡陈芮村出土
当涂县文物事业管理所藏

图5-43 三彩骆驼 唐代 洛阳博物馆藏

图5-44 青白釉浅浮雕八角形瓶 元代
维多利亚国立美术馆藏

图5-45　青白釉立线串珠玉壶春瓶　元代
1963年北京市龙潭湖元代斡脱赤墓出土
首都博物馆藏

图5-46　青釉剔花缠枝菊纹盖碗　金代
1989年清凉寺汝官窑遗址Ⅰ区出土　宝丰汝窑博物馆藏

易变软，所以图案要在上好生釉后立刻画上去。已经素烧过的陶器不适合做釉雕，因为很难透过釉层刻线保证釉料不剥落。已烧制的釉面可以成功进行再次上釉（图5-45）。为使第二层釉料能附着在第一层釉料上面，有时需要对陶器进行加热，特别是那些缸陶器皿，因为它们不再有渗水性。

（三）刻花、剔花、划花

运用由硬材料和耐磨材料制成的印章，将花纹压印在软黏土的表面，是简单且有效的表面处理技巧。印章也可以用软质的吸水材料制成，如合成泡沫或海绵。这些材料会产生不同的艺术表现效果，因为它们不再是压印花纹，而是吸收色素。当然，对于不同的泥浆种类，需要在半干的器皿表面才能使用，当带图案的海绵印章在其表面进行压印时，也就吸收部分泥浆，并把图案印模在器皿上。此技法除运用在软黏土装饰之外，还可运用于釉面装饰，虽然在素烧的陶罐上釉料干燥速度较快，除非是经过高温烧制的器皿，其表面几乎无渗水孔，故经过高温烧制的器皿无法使用该装饰技法。

1. 刻花

陶瓷刻划花纹是指在尚未干透的坯体表面上，用竹制或铁制工具来刻划出各种深浅、面积不同的纹饰，是宋代瓷窑普遍采用的一种装饰技法。系用竹、骨、铁制的平口或斜口刀状工具在已干或半干的胚体刻出花纹，其特点是着力较大，雕刻较深，花纹有层次。刻花常与划花技法结合运用，被称为"刻划花"（图5-46）。

2. 剔花

剔花是陶瓷器的传统装饰技法之一，在胎体上设计好花纹，把纹饰以外部分剔去，相当于减底法，北宋时期北方窑比较流行，如当阳峪窑、登封窑、磁州窑、吉州窑等，金元时期更加盛行剔花装饰。剔花分为留花剔地和留地剔花两种，同时按材料不同，剔花装饰可分为剔化妆土、剔胎、剔釉三种。有部分陶瓷制品在坯体上敷一层化妆土，然后使用留花剔地技法划出纹饰，再剔去花纹外的空间，最后罩透明釉烧成。花纹凸起，具有浅浮雕的效果。留地剔花技法是在施釉的坯体上剔出露胎的纹饰，在刻好纹饰后，把纹饰以外的部分剔去。留地剔花技法流行于宋代北方山西、河南、河北和山东各大窑口，以修武当阳峪窑的黑釉剔花瓷器最具代表性，以褐地衬托出洁白的纹饰最具特色（图5-47）。

3. 划花

划花也常指篦纹，是指在器皿的表面刻画出平行线，篦纹技法可以用锯齿状的工具进行修饰，也可用一把普通的叉子、梳子等工具。同时为了取得特别的效果，艺术家可以制作自己喜欢的工具，如用硬纸卡或临时的纸板做成。篦纹在器皿制作的阶段制作，无论是潮湿还是干燥的泥坯上均可，但必须在素烧之前（图5-48）。

篦纹不仅在独立使用时有明显效果，而且在与泥浆和花卉技法同时使用时，这种结合使用的技法会使装饰图案的层次更加丰富（图5-49）。篦纹展示被泥浆覆盖下的器皿原坯体的颜色，它也是艺术家以重复手法，生产大批量简单器皿时常用的一种便捷的装饰手法。

图5-47 当阳峪窑白地剔花牡丹纹罐 宋代 故宫博物院藏

图5-48 白釉篦纹碗 金代 淄博市博物馆藏

图5-49 白釉划花篦纹碗 金代 鹤壁市博物馆藏

（四）珍珠地

珍珠地划花在金银器制作中比较常见。随着化妆土在瓷器上的广泛使用，受金银器工艺技术的影响，珍珠地划花的技法开始在瓷器上运用，作为一种精细、美观的瓷器装饰手法开始流行起来。登封窑和新密窑的珍珠地划花瓷最具代表性（图5-50）。

珍珠地纹饰的呈色有橘黄色、土黄色、黑色等，珍珠纹的大小排列方法，各窑口根据地域特征各有区别。其装饰技法发展初期多做不着色处理，成熟后于刻划沟槽内填彩。图案类型大致分为三类：植物花卉类图案、人物和动物类图案、吉祥文字类图案。多装饰在枕、瓶、碗、钵、炉、执壶等器物上，因制作工序烦琐，应属于特殊定制高级瓷器（图5-51）。

珍珠地划花装饰技法如下：

（1）将泥胎施化妆土后放置在晾坯架上，待干燥到一定程度，用铅笔或其他工具勾出所刻图案。

（2）选用竹、角、铁制尖状工具和管状物，在绘制图案以外的空白处用管状工具戳小圆圈，并用尖状物划出图案细节。

（3）如有特殊效果可在珍珠地空隙处填入颜色，无则施透明釉烧制。

珍珠地上的小圆圈有多种规格，采用哪一种要根据器物的大小和主题纹饰的内容而定，珍珠地布局排列疏密得当、自然均匀，浑然一体的"珍珠"灵动、活泼，富有生命力。

图5-50　登封窑珍珠地刻花人物瓶　宋代　上海博物馆藏　　　图5-51　珍珠地缠枝梅瓶　宋代　三门峡博物馆藏

（五）半刀泥刻花

半刀泥刻花技法是一种特殊的刀法和技巧，在泥坯或素烧过的素胎上行刀雕刻，一边深一边浅的刻花技法为半刀泥工艺。基本技法有刻、划、剔、扒等，古代耀州窑、汝窑、磁州窑的陶瓷作品中就大量使用。"半刀泥"是现代的说法，是在宋代刻花装饰工艺上发展而来。其图案纹饰简练、明快，手法以印花、刻花和堆塑为主。运用半刀泥刻花法的刻划纹样，每根线条都具有深浅变化，虚实相间，使图案有凸起于胎体或釉色之上的感觉。刀法灵动跳脱，奔放潇洒，轻快酣畅如行云流水，可谓鬼斧神工（图5-52）。

图5-52 青釉刻花三足炉 宋代 耀州窑博物馆藏

制作以半刀泥工艺为主的刻花作品，学习相对较容易。现在景德镇、耀州窑、汝州等多个瓷区依然使用该技法制作器物，器物花纹清晰明显，层次分明，表现出良好的艺术效果（图5-53）。

1. 刻

雕刻是半刀泥中的主要技法，在雕刻时，要斜握刻刀，在坯体上按照纹样轮廓向外，使刻刀的一半露于坯外，刻出的纹

图5-53 青釉刻花盒 北宋 1974年河南省禹州市钩台窑址出土 河南省文物考古研究院藏

饰有深浅不同的线条，至坯胎表面呈倾斜形状。还有一种刻法，是在纹样轮廓线内，用刻刀垂直或倾斜雕刻，刻出的纹样有类似篆刻阳文的效果，这种方法称为"双入正刀法"。半刀泥雕刻以"单刀侧入法"为主进行局部雕刻，有时还要结合"双入正刀法"。在运用刀具雕刻时，应注意掌握力度，使雕刻出来的轮廓线具有线条刚劲流畅，宽、窄、虚、实相结合，转折变化自然的艺术效果。

2. 划

划是指用尖细的刀具刻划出纤细的线条，其空间宜松而匀称，轮廓线粗细均匀，线条流畅。

3. 剔

剔指用平口刻刀剔除纹样之间的空隙，使纹饰凸显出立体质感。剔的纹样宜宽大，其空间宜紧小，以充分显示主题纹样。

4. 扒

扒是将轮廓线里的纹样部分平扒出来，形成凹进坯体表面的纹样，突出主体纹样形态，使纹样变化丰富，轮廓线中间呈半圆形状。

半刀泥雕刻中，将刻、划、剔、扒刀法结合运用，能使雕刻纹饰显示出流畅自然的轮廓线，而且具有鲜明的立体感。

用半刀泥的技法雕刻器物，其步骤同镂空的步骤基本相同，所雕刻的花纹不深，但经过釉料的厚薄及流动程度会出现深浅颜色变化，凹处颜色深凸处颜色浅，使得花纹的效果更强，轻微的雕刻就能有较强的艺术效果（图5-54）。

图5-54　青釉刻花碗　宋代　洛阳博物馆藏

图5-55　白釉柳斗纹钵　宋代
1988年清凉寺汝官窑遗址 I 区出土　宝丰汝窑博物馆藏

（六）柳斗纹

柳斗、柳筐是用柳条或藤条编织，用来盛放谷物或日常生活用具的器物，古代窑工模仿柳斗的形状在陶瓷胎体进行装饰纹样，故称柳斗纹（图5-55）。柳斗纹制作工艺相对简单，且制作完成后效果对比更为强烈。

柳斗纹工艺技法如下：

（1）准备制作工具，竹质雕塑刀、水盆、海绵等。

（2）对准备刻画的器物进行同比例缩小并在纸上绘制，对所刻纹饰的比例进行绘制，并最终确定合适的纹饰。

（3）根据所绘制的图案，用铅笔绘制在器物上，最好选用半干燥状态下的泥胎最为合适。

（4）按照所绘纹路用环刀进行刻制，在刻制时注意深浅及力度。

（5）初步纹成后用竹刀进行细微处的刻画，并用海绵擦拭保持整洁。

根据需要表现的效果及所需实际情况可进行调整，如加深对比度，可在纹路内部涂上与胎色对比明显的釉色，需要粗细对比则可以在泥胎时进行施釉后刻划纹饰等。

（七）跳刀

跳刀通俗来讲是以特定工具，通过接触胎体而产生的高速震动，使工具对泥胎产生敲击并抠掉一定量均匀的陶泥，从而会有高低不平的纹饰出现，因纹饰类似刀切状且使用工具时可感受到振动，故陶工称其为跳刀工艺（图5-56）。

跳刀属于传统装饰工艺，在没有现代化设备的年代，尤其是以辘轳拉坯成型的时期，器物多少会出现跳刀的痕迹，尤其是出现在底足的跳刀纹，这种痕迹大多被视为工艺缺陷，后期随着工艺的改进及审美的提升，这种纹路被抽离出来并多出现在胎体的外壁，使之成为固定的陶瓷装饰方法。跳刀制作简单快捷，是现代陶瓷从业者喜闻乐见且经常使用的技法。跳刀分为泥胎跳刀和釉上跳刀两种。

现代陶瓷从业者在制作过程中除需要仿制特殊跳刀制品为釉上跳刀，现多为泥胎跳刀。

泥胎跳刀是在坯体微干后修整器物的同时在外表面进行的简单装饰，所用的工具一般为铁质的长条板，均由修坯师傅自己制作，在板的前端向内弯曲90°~180°不等，根据角度、使用力度及转动速度不同，跳刀的深浅、纹路、密集程度的不同，所产生的效果也不同，有点状、线状、块状等（图5-57）。

根据跳刀所产生的效果，各个纹饰根据特征也有相应的名称，如雷电纹、雨点纹、龙鳞纹、鱼鳞纹等。

釉上跳刀则是在施釉的胎体上进行上述步骤，此处就不再过多赘述。

图5-56 黑釉跳刀纹罐 宋代 三门峡市区出土 三门峡博物馆藏

图5-57 钧釉跳刀洗 现代 李胜强作品

图5-58 黑陶凸筋罐 金代 山东博物馆藏

图5-59 三彩唐韵 现代 郭爱和作品

图5-60 绞胎瓷盘 唐代 巩义市芝田二电厂出土
巩义市博物馆藏

（八）堆线（凸筋）

堆线也称立线，是陶瓷的装饰技法之一，相当于中国画中的线条作用。堆线在陶瓷罐、瓶等相对立体的器型上装饰，一方面可以增加颜色的对比，提高丰富性，另一方面通过高低颜色的不同使其更有趣味性，使得器物更加有精气神（图5-58）。而在平面的器物上如盘、板上会使其真正成为线和面交合的艺术，在平面上的线可以充当想绘制纹饰的轮廓线并充分表现其艺术价值，也可以当作所填涂不同釉色的边缘线突出其使用价值，其中现代平面堆线技艺在三彩壁画、赏盘中尤为常见（图5-59）。

堆线的技巧分为泥胎堆接和泥胎粘接两种。泥胎堆接指在泥胎半干燥有一定吸水性时，用软毛刷轻微扫拭确保器物外边面的浮灰不会影响堆接的效果。在注射器或直径较小的漏斗或软质挤压袋内盛较细致的泥浆，通过挤压使其均匀地堆接到胎体表面。挤压的力度要均匀，移动速度一致才可以堆出平直的线条，需要制作特殊效果除外。

泥胎黏结与泥胎堆接前期准备相同，黏结所用线条为手工搓制或泥板切割，通过泥浆与胎体进行黏结。

（九）绞胎

绞胎瓷又称玛瑙纹陶器，是用颜色不同的泥土糅合在一起制成且带有一定装饰性图案的陶瓷作品。利用绞胎瓷制作技巧可以获得随意的艺术效果。由于自然界存在着不同颜色的黏土，选取各种黏土加以组合便会产生绞胎效果（图5-60）。

但是，这样也可能会导致烧成后效果未能达到预想的现象，因为在可塑状态看起来各异的黏土，经过烧制后可能存在各种问题，由于黏土的收缩率各不相同，在起初干燥阶段和后来的烧制过程中，可能会使不同的黏土间产生裂缝最后导致完全分离。经过多次尝试，最终采用一种白色或浅色黏土作为基料，然后在泥土中加色料或氧化物的方式来丰富颜色。为了使色彩均匀地分布于黏土，防止烧制时起泡或颜色不均匀，在粉状黏土里加入粉状色素，均匀地打制成泥浆，在使用前进行过滤，然后制成可塑的黏土。色素的比例是由所需效果所决定的，一般每个色素应在1%~10%（蓝色例外，一般不超过2%）。

图5-61 黄釉绞胎碗 金代 淄博市博物馆藏

绞胎瓷是由片状的黏土粘连而成，存在很大的断裂风险。所以黏土干燥的过程至关重要，宁可使用几周的时间逐步阴干，也不能极速干燥。要将它包裹在保鲜膜或容器中，慢慢地阴干，以避免坯体断裂现象的出现。

绞胎瓷既可以上釉，也可以无釉、打磨抛光。制作者要先对所要完成的作品外观效果进行设定，主要是色彩的选择和力度（图5-61）。

绞胎瓷制作方法如下：

（1）拉坯。可通过揉练的方式，将两种或多种不同颜色的黏土均匀糅合，以备拉坯时用。以此方法处理的黏土应预先分别准备好，因为长时间揉练不同色彩的黏土会使色彩相互混合。黏土糅合均匀后用拉坯的方式将黏土制作成陶坯，并对半干的坯胎进行修坯，修整完成后纹路会变得清晰可见（图5-62）。

（2）泥条的运用。装饰图案可以运用彩色黏土先制作出来，因为彩色黏土价格昂贵，制作时间长，并且在使用彩色黏土时其色彩极易脏乱。把不同颜色的黏土做成条状，然后将它们排在一起，可以形成条状的装饰图案。所有的黏土应有相似的柔软性，在滚压时还要保证它们厚度均匀。黏土片切成条状时必须保证其光滑，不然会裂开。

先把用黏土制作的彩色泥浆作为"胶水"，厚

图5-62 绞胎将军瓶 现代 柴战柱作品

厚地涂在有刻槽的器皿表面，然后添加泥条。一旦它被最后刮去，就会出现薄而精致的线条。用两块木板结合，黏土的绞胎会显得柔和而致密，并保证不同颜色的泥片黏合在一起。

为使多层彩色黏土交错地包裹在一起，它们各层通常需要沾一些水来使其黏合。每一层黏土都要坚坚实实地滚压，以排除存在于黏土间的气泡。多层黏土一旦被切割，使用时就可以做成圆形、三角形、方形及其他几何形状。绞胎瓷的配件可以在器皿的内部或其他合适的形状上组成图案。通过分割器皿的每一个区域，将泥条配件黏在上面即可。为了能让每根泥条黏合在一起，器皿应缓慢阴干。

因在器皿变硬之前会有损坏的危险，故不能脱离模具对其移动。虽然器皿内部可以被刮干净，但至少要等到坯胎半干且可以搬动时才可用弹性、柔韧度较佳的金属工具进行修改。如果坯胎过于干燥，则使用砂纸和金属丝球进行修改。

（3）改变器形的形状。由于成形过程的天然特性决定快速旋转的陶轮上拉坯而成的器皿都是圆形而均匀对称的。然而，一旦拉坯工序完成，陶艺家又希望改变原来的形状，达到自己希望的艺术效果，有不同解决方法。其中一种改变形状的简单方法是温和地挤压坯胎，甚至可以用手掌尽力挤压。从相反的两边逐渐挤压潮湿的坯胎，可以获得椭圆形的形状。

（4）实用装饰。将黏土添加或者应用到器皿的表面进行装饰，在器皿半干前的任何时候都可以运用此方法，一旦干燥接近完成，添加上去的任何黏土都会裂开，或在干燥和烧制过程中脱落。实用装饰能带给器皿轻松、随意的装饰图案或重复的枝蔓形纹。许多当代陶艺家，运用简单的小球形或小卷形来强调器皿的口、柄、盖子等部位的特征，试图在朴素的表面创造出精细的变化。表面实用装饰作为一种大范围创作纹理图案的方法和浅浮雕，当今仍被广泛使用（图5-63）。

无论是单个小球装饰器皿或在它整个表面上做浅浮雕，首先都要在其表面上进行刻槽。泥浆作为合适的黏合材料，应将其均匀涂抹在表面的凹槽，进而将图案牢牢地黏在需要的地方。运用实用装饰制造纹理可通过各种不同的小块黏土，将它们从小球状到小圈状排列制作纹理图案。软黏土适用于柔软的表面，这时不一定要用泥浆，但是一旦表面呈现半干状态，那么在被修饰之前，泥浆和刻槽是必不可少的。

（5）画线。用合适的线条和彩带环绕装饰一个均匀对称的器皿。这个程序可以在制陶的任何阶段完

图5-63　紫砂绞泥壶　现代　杨峡作品

成。一种大型转台被称作带轮，就是为画线而设计的，线条能在陶轮上画成。为了画线，还要自己动手制作各种毛笔刷子，它们一次可以把足够的彩色泥浆和色料画在器皿上，中途不必停下来增加颜料。彩色泥浆可以在坯体湿的时候画，也可以在干的时候画，一旦器皿已经干透、素烧或处于等待釉烧的阶段时，金属氧化物和釉下彩就可以直接绘制在表面。待釉烧完成，用釉上珐琅彩和虹彩在器皿的表面上绘制线条，然后将器皿烧一遍。

二、彩绘瓷

彩绘瓷是指用毛笔在一种单色釉上用其他釉色进行点缀的作品，与胎装饰的最大区别是用毛笔等软工具绘制而成，相当于画中国画的表现方法（图5-64），如白釉黑彩、褐彩、绿彩等（图5-65）。在绘制过程中又会出现上下层关系，这就是釉上彩和釉下彩之分，在胎体上先绘制图案纹样，然后罩透明釉，这就是釉下彩，在底釉上绘制图案纹样就是釉上彩。

图5-64　彩绘瓷技法

彩绘瓷的主要品种有青瓷釉上彩、青瓷釉下彩、透明上彩、透明釉下彩、透明釉上与釉下双层彩。这五种彩绘瓷在时间上是依次出现的。隋代邢窑已出现点彩瓷，如鹦鹉杯的眼睛多用黑彩点画。唐代曾出土不少点彩的标本，还出现莲花瓣等花卉图案的彩绘瓷，如带足盖罐、平底碗、执壶和高足杯等。五代时期出现白地黑彩装饰，主要为点彩和梅花点较多（图5-66）。在临城澄底、射兽、解村、山下、南程村窑址及临城镇北街、临城二中新址上还出土了白地黑彩的罐腹片。这些彩色瓷的陆续发现对研究邢窑的装饰工艺具有重要价值。彩绘瓷以褐彩为主，主要装饰动物的眼睛等关键部位和花

图5-65　青釉褐彩鸡首壶　东晋　1979年江苏省镇江市跑马山东晋墓出土　镇江博物馆藏

图5-66 青釉褐彩带盖执壶 北宋 浙江省温州市郊锦山出土 温州博物馆藏

图5-67 白釉黑彩葫芦形倒壶 金代 辽宁省阜新县白台沟水库遗址出土 辽宁省博物馆藏

卉的花瓣等,其装饰简练生动,具有独特的美学特征。在磁窑沟遗址、城关造纸厂遗址等处还采集到了带有浓郁磁州窑风格的白地黑花瓷器标本。器型有瓷枕、盘、碗等,绘有人物、动物、植物等,画面繁复、完整,笔触细腻、生动。

(一)白釉黑彩

白地黑彩瓷是北方最大的一个民窑体系,集中分布在河南、河北、山东、山西四省,以河南窑口最多、创烧最早、烧造时间最长,它们的早期历史可以追溯到隋唐时期,到宋代已非常盛行。当时这些瓷窑烧制的大多数产品都是民间常用的碗、盘、碟、瓶、罐、缸、枕等一些物品,纹饰内容大都取自民间流行的历史故事以及人们喜闻乐见的花卉、禽鸟、文字、风景、人物等,因此,被誉为北方民窑的代表作品(图5-67)。这种釉色彩技法过去很少有文献记载。但是,在民间发现的传世品较多,大都是宋金至元明时期的产品,它以白釉绘黑彩纹饰为主,其次是白地划花、翠青地绘黑花或印花,还有宋三彩、辽三彩、红绿彩等品种。

民窑白釉黑彩瓷源于生活,匠师把日常生活中喜闻乐见的事情予以概括,用简练的笔墨画在瓷器上,因人们对题材感到亲切,故在民间被大量地生产及使用。扒村窑白地黑花瓷彩绘装饰又是一种新型的综合艺术,把制瓷工艺和书画艺术两者结合在一起,在器物主要部位画上人物、山水、鸟兽、花卉等,题材生动亲切,画面线条流畅,色彩对比强烈,为民众所喜用(图5-68)。

（二）三彩

三彩属于釉陶器，由白釉绿彩、白釉蓝彩发展而来（图5-69）。唐代在同一器物上，采用黄、绿、白、蓝、赭、黑等多种釉色同时交错使用，形成绚丽多彩的艺术效果，学界称为"唐三彩"。"三彩"是多彩的意思，并不专指三种颜色。

三彩是一种多色彩的低温釉陶器，它是以细腻的白色黏土作胎料，用含铅的氧化物作助溶剂，目的是降低釉料的熔融温度。在烧制过程中，用含铜、铁、钴等元素的金属氧化物作着色剂融于铅釉中，形成黄、绿、蓝、白、紫、褐等多种色彩的釉色，但许多器物多以黄、绿、白为主，甚至有的器物只具有上述色彩中的一种或两种，它主要是陶坯上涂上的彩釉，在烘制过程中发生化学变化，色釉浓淡变化、互相浸润、斑驳淋漓，色彩自然协调，花纹流畅，是一种具有中国独特风格的传统工艺品（图5-70）。三彩在色彩的相互辉映中，显现出堂皇富丽的艺术魅力（图5-71）。唐三彩主要作为明器使用，在洛阳地区、西安地区大量发现，在耀州窑、巩义窑有专门烧制三彩器的窑口。造型有实用器、人物、动物、玩具和建筑模型。

图5-68　白釉黑彩人物罐　金代
1962年河南省清丰县出土　河南博物院藏

图5-69　白釉蓝彩钵　唐代　巩义黄冶窑遗址
IIIT7H47（1）层出土　河南省文物考古研究所藏

图5-70　三彩飞雁荷花纹三足盘　唐代
1975年洛阳上窑唐墓出土　洛阳博物馆藏

图5-71　三彩鸭衔荷叶杯　唐代　洛阳博物馆藏

图5-72 红绿彩菩萨瓷塑 辽代 天津博物馆藏

图5-73 红绿彩孩儿枕 金代 磁州窑博物馆藏

图5-74 青花鱼纹缸 民国 邺城博物馆藏

另外还有宋三彩、辽三彩、素三彩、珐琅彩等。同时这种制作工艺还传到国外，如奈良三彩、新罗三彩、埃及三彩等。

（三）红绿彩

红绿彩是在高温白釉或白地黑花瓷烧成后，在白釉上用红、绿、黄等色彩勾画出纹饰，再入窑以800℃左右的低温烧成。因此也称为"宋加彩"或"金加彩"。红绿彩瓷器物上常以白釉为底色，以洁白的釉色和大面积的红彩相配合（图5-72）。红绿彩瓷的色彩主色是红、绿、黄三色，但每种彩又有深浅不同的色阶。红彩是以铁为呈色剂的矾红彩，用青矾加热、煅烧而成，最大的特点是将彩施于器表之前就已呈现红色，在施彩时就已知道其烧成后的呈色。红彩一般为正红色或枣红色。绿彩则有翠绿、墨绿、褐绿和浅翠绿等不同呈色，这是在配制彩时控制呈色物质而有意造成的。黄色则有浅黄、明黄和金黄等色（图5-73）。

（四）釉下彩、釉上彩

1. 釉下彩

釉下彩是在高温烧制的瓷胎或泥胎上直接彩绘，然后罩一层透明釉，最典型的代表为青花瓷，早期彩料多为进口的苏麻离青料，后来开始出现国产原料，现代多用氧化钴料代替，通过在胎体绘制后，喷施透明釉，入窑高温一次烧成。釉下彩有较强的着色力，颜色鲜亮，呈色稳定，而且颜色持久不易氧化，通过外层釉的保护不易褪色。现常见的釉下彩多为青花、釉里红、釉下五彩等（图5-74）。

2. 釉上彩

釉上彩在高温单色底釉上点斑或绘制图案纹

样，烧制的作品称为釉上彩，如魏晋南北朝时期出现的青釉上点褐彩、绿彩的作品。以釉下彩打底，在烧制后的釉面上用颜色料绘制图案，其色料有高温、中温、低温三种，主要以低温釉上彩为主。相比釉下彩而言，釉上彩的特点为颜色鲜艳、易氧化程度高、色彩易发生剥落等。绘画釉面为白釉瓷、单色釉瓷或多色彩瓷，根据其所需效果决定。以绘新彩来说，通过各种中温烧制后的白色瓷为基底，将色粉和乳香油料调制而成的色料在釉面上进行绘制，绘制完成后温度再次入窑过750~850℃的低温烧制而成。另外，有釉上釉下结合的装饰方法，如斗彩、青花红绿彩等。以青花加彩为例，先是用青花绘制一定面基的图案或环境，并使用黏稠状的釉料进行二次绘制后烧制而成（图5-75）。

（五）彩绘陶（漆衣陶）

彩绘陶始于新石器时代晚期，是一种历史悠久的陶瓷艺术品，分烧制与不烧两种。新石器时代的彩绘陶最具代表，常用的色彩有红、黑、黄、白、赭等，绘制完成后具有色彩绚丽的艺术效果。因绘制后不再烧彩，所以彩绘极易磨损脱落。彩绘陶主要是在泥质灰陶上作画，首先将陶器修整光滑，然后将彩绘颜料粉碎磨浆，添加适量植物胶，在器表描画图案（图5-76）。

春秋战国时期开始将陶胎烧成之后在其表面进行彩绘，与在陶坯上画彩、彩料和坯体压磨在一起，经高温焙烧而成的彩陶不同，彩绘陶的色料附着性不高，花纹受潮或经水容易脱落。彩绘陶还大量用于随葬陶俑，秦始皇陵及

图5-75 蓝釉人物故事梅瓶 明代嘉靖年间 吉林省风华公社班德古城出土 扶余市博物馆藏

图5-76 彩绘陶甗 西汉 1992年三门峡西火电厂汉墓出土 洛阳博物馆藏

图5-77　漆衣陶罐　汉代　许昌市金石达凤凰城M51出土
许昌博物馆藏

图5-78　黑陶镶嵌　现代　沁阳　汤丽

西汉杨家湾大墓出土上千件兵马俑，均施有彩绘，只是施彩方法不如器物描绘仔细，而是整片涂抹，追求整体效果。

唐代彩绘陶已走向衰落，仍沿用的器形主要有塔形罐、卷沿罐、盆、碗等。受佛教影响，纹饰多用仰、覆莲花，也有少量菊花、梅花。唐以后彩绘陶不常见，彩绘花纹潦草简单，至明代消失，期间还出现过一种以大漆为材料的漆衣陶（图5-77）。

（六）镶嵌

引人入胜的装饰效果可以通过各色黏土镶入器皿表面来实现。在半干的黏土表面可刻挖出细凹线或较大的凹陷区域。镶入其中的黏土的收缩率应与陶罐的黏土收缩率相同，否则镶入的设计图案会出现裂缝，因为两种不同的黏土会分离。也可以用相同的基础黏土，在其中添加色料来避免裂缝的出现。另外的方法是准备好薄的彩色黏土图案，把它们恰当地摊在台面上，并保证其略微潮湿状。把一片软黏土放在上面，然后用滚釉轻轻碾压，图案就会被镶入表面（图5-78）。

1. 彩色泥浆镶嵌步骤

（1）用适量彩色泥浆填补刻槽来完成镶嵌，但泥浆收缩率会导致裂缝，添加适当陶渣可以减少这种风险。

（2）当刻线被泥浆填满后，多余泥浆依然不能去除。直到其处于半干或完全干燥的状态时，可用一个柔韧光滑的金属板或其他合适的工具去除多余的泥浆，表面就会显出彩色的细线。

2. 彩色黏土镶嵌步骤

（1）在泥板上刻好花纹，等到半干时往里面嵌入彩色的黏土。挖走的区域有刻线痕迹，要保持其湿润，以填补黏土。

（2）把彩色黏土牢牢地嵌入其中，使其表面微微隆起。任何企图将它处理平整的想法都要等嵌入的黏土变硬后才能实施。

（3）等黏土完全变硬后，可用合适的刀片或柔韧的钢片将表面的黏土刮去，使其显露出镶嵌装饰的图案。

3. 彩色图案镶嵌步骤

（1）由色彩对比强烈的黏土组成的图案已经从非常薄的泥片上刻了下来，摊在一个有孔台面里，再把一片柔软的黏土放在上面，然后滚压。

（2）彩色图案被粘于黏土表面，成为其中的镶嵌物。

（3）已镶入图案的黏土可以在模型上制成各种形状的器皿。此时通常用凸起的模具，为的是让有图案的面正好在长方形浅盘的内部形成浮雕效果。

第三节 | 施釉工艺

施釉工艺是陶瓷器制作工艺技术的一种，也是伴随瓷器诞生不可或缺的一部分，是指在成型的陶瓷坯体表面施以釉浆，起到装饰作用的技法。施釉主要有浸（蘸）釉、荡釉、浇釉、刷釉、点斑、吹釉（喷釉）、洒釉、轮釉、贴花工艺等多种方法。根据不同胎体，釉料使用施釉技法进行装饰的陶瓷制品所呈现的效果也不相同。坯体的泥料性质、形状、厚薄等因素的不同，所采用的施釉方式不同。釉料内部含有的金属氧化物所导致不同品种釉料具有不同性质，应采取不同的施釉方法。

一、浸（蘸）釉

浸釉为最基本的施釉方法之一。明清以前，瓷器施釉以此手法居多，器物上的釉汁往往不到底足，即上部有釉而下部底足露胎，为釉料留有一定的流动余地，历经烧制后会产生不同的艺术效果。该方法简单、实用、快捷，仍是现代日用陶瓷生产企业所使用最多的方法之一。

浸釉操作方法是指将坯体浸入釉浆中，利用坯体的吸水性，使釉浆均匀地附着于坯体表面。釉层厚度由坯体的吸水率、釉浆浓度和浸入时间所决定（图5-79）。

图5-79　浸釉

图5-80　荡釉

操作步骤如下：

（1）经过一次低温烧制后的胎体（或完全干燥后的泥胎），用潮湿的海绵擦拭坯体的各部分，确保表层无杂物（其中杂物主要指浮灰）。

（2）用容器盛入釉浆，流速均匀地快速倒入杯子内部，根据杯口边缘釉层吸附的厚度，实时把杯子内部的釉浆倒出。

（3）手指夹住杯子底足，垂直地把坯体放入釉桶中，所放位置根据自己所需效果自行调整。

（4）放置时间根据胎体的厚度、釉浆的浓度因素自行调整，并要注意所用釉料的流动性。

（5）垂直拿出胎体，待釉层半干燥以后，放置在晾坯桌或板子上晾晒。

（6）釉浆干燥后把多余的地方修整即可。

二、荡釉

荡釉主要指"荡内釉"，此种方法主要适用于深腹、鼓腹、长颈等器型的瓷器，如玉壶春瓶、胆瓶、梅瓶等。荡内釉能保证瓷器颜色内外整体一致，解决深腹、鼓腹、长颈等器型的瓷器内部施釉困难的问题，确保胎体内外所承受拉力一致，防止开裂，并大大提高施釉的成功率（图5-80）。

操作步骤如下：

（1）第一步同蘸釉第一步相同。经过一次低温烧制后的胎体（或完全干燥后的泥胎）取出后，用潮湿的海绵擦拭坯体的各部分，确保表层无杂物（其中杂物主要指浮灰）。

（2）用容器盛入釉浆，快速倒入瓶子内部并保证流速均匀，倒入量根据器物大小不同而定。

（3）双手夹住坯体前后左右旋转晃动，对于口部较小的器物可以保持旋转垂直倒出釉浆，器物口部较大时可以有平行到垂直倒出釉浆同时保持坯体均匀旋转。后续步骤同蘸釉步骤相同。

三、浇釉

浇釉是用容器将釉浆浇到大型器物或需要特殊效果的一种施釉方法。大型的坯体一般放置在有支撑性且平滑的木板上。其技法根据器物大小进行调整，由两人及以上共同操作，几人手法必须一致，对时间、速度、面积等把控基本一致，才能使釉层均匀并确保瓷器的成功率（图5-81）。

图5-81 浇釉

浇釉步骤如下：

（1）选择胎体根据口部直径架起支架，把坯体放置在支架上。

（2）用海绵擦拭表面杂物，如有多余之处可用刀片刮掉并用海绵擦拭此处。

（3）选择合适的容器盛入釉浆。

（4）浇釉时釉浆浇在坯体上，其转动速度、浇浆速度应一致。

（5）在边缘处或未上釉的地方应仔细检查，发现问题时及时用釉浆填补，以达到理想效果。浇釉时切勿过快或过慢，移动时应匀速转动胎体，防止釉层厚薄不一致，无法达到理想效果。

（6）施釉完毕后，对施釉区域进行修整处理。

四、刷釉

刷釉又称"涂釉"，指用毛笔或刷子蘸取釉浆均匀地涂在器体表面，多用于长方有棱角的器物和局部上釉、补釉，以及同一坯体上施几种不同釉料等情况。刷釉最早见于秦汉时的原始瓷，因其不是通体施釉，而仅为口、肩及内底等处的局部施釉，故采用刷釉的方法。刷釉技法相对简单，成功率高，但不适宜大规模批量化生产。所刷的釉浆根据浓度和所需效果可以进行调整，现多为一种釉色刷上其他颜色或增加颜色的丰富性，使其更具观赏效果（图5-82）。

刷釉是避免或减少上釉所出现问题的一种补救方法。例如，某一器物在对铉纹之处浸釉

图5-82　刷釉、点斑

时因纹饰处釉凹凸出现造成局部气压不同，凹处无釉浆覆盖，此时则可以用刷釉的形式进行补救。釉层较薄的部分同样可以使用该方法。

五、点斑

点斑同刷釉操作方法基本一致，唯一不同点为点斑多为外部装饰效果，在施釉的胎体上，用毛笔蘸取一种或多种釉浆，进行点制、绘制、刷制等，根据所需效果自行调整。

六、吹釉（喷釉）

吹釉法适用于大型坯体、薄胎坯体、色釉瓷及需要上几种釉色的坯体，有些造型复杂的瓷雕则用喷釉法。根据器物的大小和釉色不同，少则吹三四遍，多则吹十七八遍。吹釉的发明使器物内外均匀施釉，陶瓷可以一次烧成，这是它对陶瓷工艺技术最大的贡献。现在多采用人工吹釉、机器喷釉两种方法，根据具体情况不同可以酌情选择处理（图5-83）。

吹釉步骤如下：

（1）取出坯体，用潮湿海绵擦拭杂物，完成后放在轮盘上。

图5-83　吹釉、喷釉

（2）喷壶入浆口覆盖纱布，对釉浆进行过滤，防止颗粒堵塞喷口。

（3）打开空压机，等待气压基本稳定后，使气管连接喷壶进气口，后对墙壁或废料处进行喷制实验，确保釉浆能均匀喷出。

（4）匀速转动轮盘，然后进行喷釉，由中间向外边缘或向内均可，根据个人习惯调整。

（5）釉层厚度可以通过喷制的量和时间来确定。判定其厚度时可以通过指甲压刻釉层看横截面来确定。

（6）结束后，用湿润的海绵擦拭坯体，使釉料达到理想的位置，并最终呈现理想的效果。

吹釉时应时刻注意坯体旋转速度、喷壶移动速度、釉浆喷出速度等是否均匀，以免出现釉层过厚或过薄的问题，影响最终效果。

七、洒釉

洒彩是在坯体上先施一次底釉，然后将另一种或几种釉料洒散其上，使釉色产生网状交织、线面对比、方向变化的纹理，具体操作步骤和刷釉、点斑相同。洒釉有点洒、泼洒、淋洒等形式，更加自由，大多数时候洒釉技法均为人工制作，除人工操作以外还有一种独特的机器参与轮洒。轮洒与人工洒釉技法不同，是在轮子上通过转动利用离心力的作用使釉浆均匀地晕散开，并伴有飘起轻微点滴状的效果，主要适用于盘、盆等低平的器物，有规律且可能出现立体动态效果。

具体步骤如下：

（1）准备施釉完成的坯体、釉浆、毛笔、海绵等工具。

（2）将胎体放置在一个光滑的平板上，如果器物较小则可以放在手上进行操作。

（3）按预期的想法进行滴洒，细节有不足之处可以用毛笔进行细微调整。

（4）想要特殊效果可以用海绵擦拭低层釉或者位于点洒处的釉料，除擦拭部分釉层以外还可以用海绵蘸釉擦拭。擦拭完成后对不满意之处或多余之处进行修整。

用此方法上釉时应掌握相应技巧，切勿操之过急。对于初学者来说，可以用泥浆在破损的胎体上进行实验，以充分熟悉该技法。

八、贴花工艺

陶瓷贴花工艺也称"移花"，是用粘贴法将花纸上的彩色图案移至陶瓷坯体或釉面，是现代陶瓷使用最广泛的一种装饰技法，分为釉上贴花和釉下贴花等。釉上贴花有薄膜移花、清水贴花和胶水贴花等。釉下贴花有在贴花纸上只印出花纹轮廓线，移印后再进行人工填色，也有一次性贴上线条色彩的装饰方式，称带水贴花。贴花纸有纸质和塑料薄膜两种，用纸质花纸须经过揭纸、洗涤等工序，后发明了薄膜花纸，便于机械化、连续化操作（图5-84）。

陶瓷贴花纸主要用于陶瓷器皿图案和色彩的装饰，因其分辨率高，故使用此技法取代过去沿用的手绘和喷彩工艺。陶瓷贴花纸是陶瓷油墨的载体，陶瓷贴花纸上的丝印油墨图案贴在陶瓷器皿上后需要在低温700~800℃或高温1000~1300℃下烧制才能附着牢固，其色彩由陶瓷中发色剂的品种决定。由于陶瓷油墨的遮盖力强，透明度差，所以目前还不能运用三原色原理进行印刷，而常使用非叠印的并排专用彩色墨网点印刷方式进行印刷。釉上贴花纸印刷的油墨

图5-84 贴花工艺

为高温溶剂性油墨，釉下贴花纸印刷的油墨为高温水性油墨。因贴花工艺相对简单易学，以白色瓷盘贴牡丹花为例进行步骤介绍：

（1）准备瓷盘并擦拭干净，同时准备柔软且吸水性较好的吸水纸或棉布及一盆清水，条件允许还可以准备一个镊子及剪刀。

（2）把图案剪下来放置在水盆中，水必须没过花纸，等待1~3分钟。

（3）取出花纸移动到想要贴的位置，用镊子夹住花膜的一角平稳地拉至胎体上并调整位置。

（4）检查是否有气泡存在，有则排除气泡，无则用吸水纸覆盖表层并用手指摁压，待其吸干水分则可以使其牢固地贴在胎体上。

（5）检查是否在贴花处和胎体上有多余水分，如有多余水分则擦拭干净，然后等待入窑烧制。

第四节 ｜ 烧成制度及控制

烧成是指坯体在高温下发生一系列物理化学反应，使坯体矿物组成与显微结构发生显著变化，如外形尺寸固定、强度提高，最终获得某种特定使用性能陶瓷制品的过程。烧成制度包括温度制度、气氛制度和压力制度。影响陶瓷产品的重要因素是温度和气氛，压力制度则为其次。温度制度包括升温速度、烧成温度和保温时间、冷却速度等参数。同时陶瓷分一次烧成、二次烧成、多次烧成，未上釉的生坯烧成称素烧，素烧后的坯称素坯。素坯施釉后的烧成称釉烧。将陶瓷生坯施釉入窑高温煅烧一次而成制品的烧成方法又称半烧，是指经成型、干燥、修饰和施釉后的生坯，在窑内一次性烧成陶瓷产品的工艺路线（图5-85）。

图5-85 素烧

两次烧成是陶瓷坯体在施釉

前后各进行一次高温处理的烧成方法，多用于
生坯强度较低的陶瓷制品及部分精陶。一般精
陶制品进行二次烧成时多是素烧温度比釉烧温
度高，这种情况下以素烧为主，素烧的最终温
度即是该种陶瓷的烧成温度，釉烧作用是将熔
融温度较低的釉料熔化，均匀分布于坯体表面，
形成紧密釉面（图5-86）。上述一、二次烧制
之时要十分注意烧成的相关制度，如没有合适
的烧成制度，那么陶瓷的生产便无处谈起。

图5-86 五彩鸳鸯莲花盘 明代 山东博物馆藏

一、烧制技艺

瓷器的装烧包括装匣钵的工艺方法和匣钵装窑的方法，匣钵的装填方式对瓷器的质量具
有十分重要的影响。瓷器的装匣钵方法有多种。在最早烧制陶瓷器时，不使用匣钵，陶瓷器
直接装入窑内，烧成时陶瓷直接与火焰接触。如此烧成的瓷器表面容易被污染，质量较差。
自从使用匣钵烧制后，瓷器的成品率有保证，尤其对白瓷烧成最为有利。之后又使用内匣，
火焰更不易直接接触瓷器表面，保证气氛的纯正，瓷器质量有了显著提高。瓷器的装烧形式
多样，类型繁多，按坯件放置方向可分为正烧法、覆烧法和对扣烧法；按坯件是否隔离火焰
可分为裸烧法和隔烧法；按一个单位装烧系统内所装坯件数可分为单件装烧法、多件叠烧法
和套烧法；按坯件装烧时的综合工艺可分为支垫具承托单烧法、明火叠烧法、匣钵单件仰烧
法、匣钵多件仰烧法、支圈覆烧法和涩圈叠烧法六种。

此外，还有一些具有地方独特性的装烧工艺。如北宋时期越窑出现的二钵一凹底匣钵组
合装烧法、北宋时广东惠州的大托盘装烧法、山东和宁夏发现的棚板与支柱架装烧法以及金
代山西乡宁西坡窑的捎架套烧法等。

（一）裸烧（乐烧）

裸烧也称乐烧，是指把瓷器叠置
在窑中直接放在垫柱上裸露于窑火的
焙烧，这种方式生产的陶瓷表面常留
有落渣等现象，产品质量不是很高。
这种方式常见于陶瓷生产的匣钵前烧
造瓷器（图5-87）。

图5-87 乐烧茶具 现代

乐烧工艺的起源，比较公认的说法是韩日两国陶艺家的理论。由日籍朝鲜陶器工匠阿米夜（怡屋）在永正年间（1504—1521）烧制。"乐烧"名称的来源据说是因为阿米夜与其日本妻子比丘尼·佐佐木所生的儿子初代长次郎曾受当时日本的统治者丰臣秀吉应邀，在其府邸"聚乐"邸内烧制茶陶，作品称为"聚乐烧"，他的徒弟，千利休之孙常庆被丰臣秀吉赐"乐"字金印，其后代所烧制的茶陶作品都盖了"乐"字印戳，从此有了"乐烧"之名。因为创作空间得到充分的发挥，乐烧也普遍受到陶艺工作者的采用。

1. 制作工艺

（1）先将成形完毕的坯体素烧至800℃，其坯土必须掺入10%~20%的熟料或匣钵粉，使其能承受急剧升降温，而不至爆裂。

（2）施釉工艺以淋釉、浸釉、喷釉或涂彩等方式皆可，施于素烧过的坯体，然后放入窑里烧成。由于乐烧的特点都是刻意不将坯体烧至瓷化，以便能进行熏烧而吸附碳素，因此烧成温度都较低，所以大都施以含铅或硼的低温釉。

（3）窑烧方面一般都是自制的简便乐烧窑进行烧制，它是以厚约3cm的耐火棉用粗铁丝网固定住卷成或折成窑壁，底座则是用耐火砖铺迭而成，中间架以瓦斯喷火嘴。将坯体装窑后，点小火烘烧，逐渐加大火势，温度处于700~800℃时，坯体通红而表面的釉料也呈现光泽，这表示温度已经达到使釉料熔融的程度（可稍微掀开窑盖，靠目测得知），此时可以准备熄火出窑。

（4）事先准备一个铁桶，内置碎报纸、木屑或是个人所偏好的有机物，如干树叶等。出窑时最好由两人从两端将便窑提掀移开，此时即全部露出通红坯体，快速用火钳将坯体一个一个夹入铁桶内，桶内报纸、木屑在坯体的温度下被点燃，喷出熊熊大火。

（5）火红的坯体夹入桶内，里面的物质被点燃，待火舌大肆蹿升时，盖上桶盖，此时由于空气被阻绝，火舌随即消失，而被浓浓的白烟所取代，呈焖烧的还原状态。大约经过15~30分钟的焖烧后将其夹出放入水中，防止再氧化。

（6）出窑的作品在水中冷却到不烫手的程度，即可取出，用布将表面所黏附炭屑及游离的碳素刷除掉，再用水洗净，完成从坯体排窑点火到出窑冷却可以拿在手上所操作的时间大约是2~3小时。

2. 乐烧要求

（1）低温烧成，所以坯体并未瓷化，吸水性强，也较脆弱。

（2）急速还原结果不仅使坯体吸附碳素，呈现浓淡不一、颜色变化丰富的黑色色调，而将釉彩衬托得更鲜丽，另外也使得釉药里部分的金属氧化物被还原成纯金属，而在表面形成具有闪光性质的金属膜，光彩绚烂（图5-88）。

（3）由于急速的冷却，容易造成釉药的冰裂效果，细碎的裂纹，也是很好的装饰效果。

（4）乐烧釉料的调和常以铅或硼作为媒熔剂，此为含毒的重金属，因而烧成的器皿不可用作食器。

（5）坯体在铁桶内还原的时间、程度各有不一，且桶内所置的有机燃物也可随意变化，因此烧出的结果，随机性很大，很难模仿复制（图5-89）。

图5-88 乐烧 现代　　　　　　　　　　　　　　　图5-89 裸烧 现代

（二）匣钵烧

匣钵是一种窑具，在制瓷工艺中是主要的辅助性材料。匣钵在传统制瓷历史中最早出现于我国南朝时期，至唐代已在制瓷业中普遍使用。钧窑常用的匣钵形状有筒形匣钵、漏斗形匣钵或用于覆烧的底部中空的深筒形匣钵等。将制品置于匣钵内烧成避免了制品直接接触烟火和防止窑顶落渣，可保持制品釉面洁净，有利于提高成品质量，还可以增加装烧密度、提高产量。匣钵在制瓷工艺中广泛使用，可节约燃料，保证烧成质量，推动了传统制瓷业的快速发展（图5-90）。

匣钵单件仰烧法是继明火叠烧法之后出现的一种十分先进的装烧工艺，在我国的瓷器烧造史上具有划时代的意义。将一个用黏土加粗料制成的垫圈或垫饼放入已烧成的匣钵内，匣钵的大小多依所装坯件的大小事先烧成，双手托起坯件装入匣钵，坯体的圈足套在垫圈或垫饼上，一个匣钵内只放置一件坯件，然后把装有坯体的匣钵逐件叠放，最后一个匣钵上加盖。

匣钵的使用可以提高产品

图5-90 匣钵 北宋 宝丰汝窑博物馆藏

的质量，使用匣钵装坯体，受热均匀，烧制出产品器型端正，釉而莹润光滑、釉层均匀，同时可保护坯件不受烟气和灰渣等的污染，减少产品的残次品率，极大地提高了产品的质量，为后来的五大名窑及明清细瓷的成功烧造奠定基础，是中国制瓷史上最伟大的创新之一。匣钵工艺复杂，技术要求较高，使用大量耐火材料，成本较高，不适宜普通民用瓷器的大批量生产，有一定的局限性。

匣钵多件仰烧法使用范围广、使用时间长，而且匣钵式样繁多，能够根据器物的不同形制来制作，如有碗形、盘形、钵形、长筒形等形状。尤其是出现了部分瓷制的M型匣钵，且匣钵相叠处或匣钵与盖相合处均用釉浆密封，烧成后，须打破匣钵方能取出产品（图5-91）。

具体装烧方法是选取与坯件相配套的匣钵，口部朝上置于窑底的耐火渣中掩埋稳固，在匣钵内放入坯件，并在坯体之间、坯体与匣钵之间用垫珠、垫饼等垫烧具隔开，然后向上叠螺匣钵，上层的匣钵正好充当下层匣钵的盖，最后在顶端的匣钵扣匣钵盖，这样逐层叠摞套合形成匣钵长柱。在匣钵间缝隙处还要垫塞瓷泥，以防透气。同时为了防止匣钵柱倾斜或倒塌，有的在匣钵柱之间用支垫具支撑或填塞瓷泥。

图5-91　匣钵　现代

匣钵烧制材料的改进，增大匣钵的承受能力，可层叠摞至窑顶。加之匣钵柱间支垫具的使用，可使坯件安放稳定，避免了坯件因堆叠过高而倒塌造成废品，提高了烧成率，确保了产量。匣钵密封度增加，保证坯体烧造环境的清洁，烧成瓷器的釉表质量显著提高。同时避免冷却时外部冷空气的侵入而造成器物骤冷收缩开裂，确保产品的质量。

（三）垫饼、垫圈烧

垫饼（图5-92）是在制品烧成时，制品与匣钵之间起间隔作用的窑具。垫饼用制品相同的坯泥做成圆饼状，直径略大于所承托制品的足径，厚度随垫托制品的不同面有所差别，钧瓷烧成中所用的垫饼，一方面起到

图5-92　垫饼

垫平匣钵底部，使制品垂直、平正，另一方面防止制品变形或温度过高时，钧釉流动至足底与匣钵粘连在一起，造成匣钵不能重复使用。垫饼为湿法使用，这样使制品在高温中能与坯体有一致的收缩，一般情况下生垫饼只能使用一次。

垫圈与垫饼的用途和用法基本一致，只是在垫烧过大制品的足部时，为节省泥料或防止垫饼过厚、过大造成中间部分凸起或分裂影响制品的质量而使用的一种垫饼形式。

支圈覆烧法由定窑首创，是制瓷工艺上的一个杰出创造。其装烧程序大致为：以大而厚的垫饼为底，其上置一带阶梯的圆环形支圈，支圈用烧造瓷器的瓷泥烧制，在支圈的梯阶上撒一薄层谷壳灰，把芒口的坯件扣放在垫阶上，将坯件与支圈一坯一圈地依次覆盖叠摞，用泥饼盖住，即组成一个上下大小一致的圆柱体，用稀薄的耐火泥浆涂抹外壁，封闭空隙，再装窑。此方法虽曾风行一时，但由于会使碗、盘等形成芒口，因而最终为宫廷所弃。

支圈采用和制坯同样的细泥制成，使两者膨胀系数一致，保证了瓷坯在高温焙烧中器物规矩不变形，精品率高。支圈细薄、用料较少，节省了原料和窑内空间。相同的窑室，采用该法产量可提高达4至5倍（图5-93）。

涩圈叠烧法也可称为刮釉叠烧法，是一种较为粗简的装烧方法。坯件在施釉入窑之前，在坯件内底

图5-93　支圈　鹤壁窑博物馆藏

先刮去一圈釉，形成一露胎的环状涩圈，然后将叠烧的器物底足置于其上，为防粘连瓷坯的底足皆不上釉露胎，使涩圈正好与无釉的器底足相吻合，并逐层重叠置于匣钵内。

涩圈叠烧法工艺简单，产量高，成本低，适用生产大众化的低档瓷，多为中小型窑所使用，满足社会上日益增长的生活用瓷的需求。而缺点是成品质量较差，制作粗糙，内底一圈无釉，美观性差。

（四）支钉烧制

支钉架分三个支钉和五个支钉两种，带三个支钉的支钉架又分为三角形和六边形，使用与制品相同的泥坯，拍成饼状再分割成等边三角形或六边形，然后在三个角顶端或六边形外沿等距离处手提出圆锥形支钉。带五个支钉的支钉架为"垫圈五支钉"，用手拉坯成型法做成垫圈，用坯泥捏出五个圆锥形支钉，等距离粘在宽度为1.2cm的垫圈面上，预烧后用于碗、盘类制品满釉支钉烧造工艺（图5-94）。

图5-94　支钉

　　齿状支钉一般适用于足部较大的产品，如汝窑的三足、四足花盆、盆托等，使用印坯或手拉坯成型呈上窄下宽的圈状，再在上窄部刻出似三角形的结构。这种支钉的形状与高度是根据所支托制品底部结构来决定的，有圆形、椭圆形、长方形、六边形等形式，以能支托其制品内底部，使足部悬空约1.5cm为宜，支钉的间距一般情况下在1~3cm，小直径器物放置支钉的间距应较小，大直径器物则间距相应增大。齿状支钉应预烧后使用，其原因为三足或四足类制品在烧成中，如足部接触匣钵底面，制品在高温下收缩，三足受力不均从而使制品变形，足部较大的制品足内径过大，烧成中易产生凹底，齿状支钉托在足底内部适当处使三足悬空，解决了制品变形、沉底等缺陷的产生。

二、温度控制

　　在陶瓷的烧制过程中，除了烧制方式的使用十分重要之外，烧制温度的控制也很重要。因不同的陶瓷品种具有不同的特性和地区环境条件，因此各个窑口陶瓷烧制的温度控制也有略微不同。一般学界默认陶器的烧成温度介于800~1100℃，而瓷器的烧成温度介于1200~1300℃。除了烧成温度的控制之外，在烧制过程中温度控制也尤为重要。干坯通过加热转变为素坯，通过上釉再次加热转变为瓷器，在此过程中温度没有得到及时的控制，那么坯体会因为加热太快造成内部结构无法承受其膨胀系数而爆裂，造成烧制的失败。在各个不同的窑口，制陶人要根据所烧制陶瓷的不同种类进行合理的温度调整。

　　温度控制可以大致分为烧成温度曲线、升温速度、保温时间等环节。烧成温度曲线表示由室温加热到烧成温度，再由烧成温度冷却至室温的烧成过程中温度的变化情况。烧成温度曲线的性质取决于三个因素：一是烧成时坯体中的反应速度。坯体的组成、原料性质以及高温中发生的化学变化。二是坯体的厚度、大小及坯体的热传导能力。三是窑炉的结构、形式和热容及窑具的性质和装窑密度。

除温度曲线以外，升温速度的确定点可以分为三条：

第一，处于低温阶段时升温速度主要取决于坯体入窑时的水分。第二，氧化分解阶段升温速度主要取决于原料的纯度和坯件的厚度，此外也与气体介质的流速和火焰性质有关。第三，高温阶段的升温速度主要取决于窑炉结构、装窑密度以及坯件收缩变化。烧成温度必须在坯体的烧结范围之内，而烧结范围必须控制在线收缩（体积收缩）达到最大而显气孔率接近于零（吸水率<0.5%）的一段温度范围。最适宜的烧成温度或止火温度可根据坯料的加热收缩曲线和显气孔率变化曲线来确定。保温时间的确定原则是保证所需液相量平稳地增加，不致使坯体变形。而冷却速度的确定主要取决于坯体厚度以及坯内液相的凝固速度。

除以上三种温度控制方式以外，使用工具对烧制温度进行有效的测量及控制也是至关重要的。在古代制瓷业及现代陶瓷产业中常使用的工具主要为火照和测温锥、红外测温仪、电热偶四种器具。

（一）火照

火照（图5-95）俗称"火样"，过去用破碎的素胎坯件加工而成，形状为三角形，上平下尖，上半部施同一窑炉中烧成的釉，并挖一圆孔，下半部插入直径3cm左右椭圆形泥团中，使用时，将其放入窑门下部固定的开口的匣体内，一般情况下放6个火样，需验火时用长约60cm，直径0.6cm的铁棒的尖部插入火样预留的圆孔中挑出火样进行观察，烧窑时要验火多次，每验一次就挑出一个，可随时掌握窑内温度和气氛的变化，对制品的烧成十分有利，是简便有效的测定窑内温度的窑具之一。

（二）测温锥

陶瓷产品生产中需要精确有效的温度测量，但多数测量手段或工具在时间和空间上均受到限制。测温锥（测温三角锥）（图5-96）是

图5-95　火照　宋代　宝丰汝窑博物馆藏

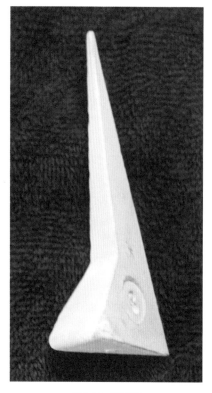

图5-96　测温锥

一种高精度陶瓷烧成温度指示器，其特点如下：

（1）测温锥的等效温度是在恒定的烧结温度下烧制的时间综合值。不同型号的测温锥有不同的恒定的等效温度并直接反映在锥体的弯曲程度上。特别注意测温锥的等效温度不是单一的温度值，也不是单一的时间值，是温度和时间的组合。

（2）测温锥能有效地指示烧制产品正确的等效温度，监测窑炉中各部位（产品周围）温度的差别，具有直观性和记忆性，能为烧结产品等效温度的控制以及品质分析提供依据，提高产品烧制过程工艺。测温锥还是用来监测窑炉烧结陶瓷产品、电瓷产品、耐火材料时效温度最直观的指示器。

（3）需要烧制的产品，按照其本身材料特性需要有不同的烧制温度和时间。在烧制某一产品时需要一个恒定的烧制等效温度，并存在一个范围，这个范围是由烧制材料的等效温度特性来确定，而测温锥正是用来指示出产品烧制等效温度范围。任何烧结过程都能找到相应的测温锥来指示。一旦确定，任何偏离这个范围的烧制过程都会由测温锥永久地记录下来。

随着现代科技发展，对温度监测的手段也越来越多且越来越先进，但是它们之间是有差别的。对于烧制温度而言，点与空间有差别；对于烧制过程而言，瞬间与全时段有差别。现代窑炉配以高科技检测仪器要烧制出更好的产品，测温锥是不可缺少的。

（三）红外测温仪

红外测温仪的测温原理是将物体发射的红外线辐射能转变成电信号，红外线辐射能的大小与物体本身的温度相对应，根据转变成电信号大小，可以确定物体的温度（图5-97）。

（四）电热偶

电热偶除了测试窑内温度之外，还能在烧制时记录连续升温以及恒温的情况。热电偶温度计可随

图5-97　红外线测温仪

时掌握窑内温度的变化情况，避免人为的误差（图5-98）。

（五）气氛及压力控制

陶瓷原材料主要为氧化硅、石英、长石、方解石和各种氧化物，在烧制过程中不同燃料产生的气体介质对含氧物、硫化物、硫酸盐以及有机杂质等影响很大。同一坯体在不同气体介质中烧制，其烧结温度、收缩、膨胀系数、气孔率均不相同，所以根据坯体化学矿物组成，以及烧成过程各阶段的物理化学变化规律，选择合适的气体介质（气氛）是关键。

掌握窑内合理压力制度是实现温度制度和气氛制度的保证。为保持合理的压力制度，可采取调节总烟道闸板和排烟孔小闸板来控制抽力。控制好氧化幕、急冷气幕以及抽余热风机的风量与风压，并适当控制进气量和风门的大小（图5-99）。所以升温曲线设置，何时氧化气氛、何时还原气氛完全靠自己的经验把握。

图5-98　热电偶　　　　　　　　　图5-99　气氛及压力控制

参考文献

[1]邓白,杨永善.中国现代美术全集 陶瓷4 陶瓷雕塑[M].南昌:江西美术出版社,1998.

[2]孙长初.中国艺术考古学初探[M].北京:文物出版社,2004.

[3]秦锡麟,金文伟.现代陶艺教育比较[M].上海:学林出版社,2008.

[4]马骋.历代瓷塑艺术解读与辨识[M].上海:上海大学出版社,2009.

[5]鲁迅.且介亭杂文[M].北京:人民文学出版社,1973.

[6]陈进海.世界陶瓷艺术史[M].哈尔滨:黑龙江美术出版社,1995.

[7]齐彪.陶艺的起源与流变研究[M].济南:山东美术出版社,2008.

[8]奚传绩.设计艺术经典论著选读[M].南京:东南大学出版社,2005.

[9]尹定邦,邵宏.设计学概论[M].长沙:湖南科学技术出版社,2016.

[10]黄健敏.贝聿铭的艺术世界[M].北京:中国计划出版社,1996.

[11]王受之.世界现代设计史[M].北京:中国青年出版社,2002.

[12]彭吉象.艺术学概论[M].北京:北京大学出版社,2006.

[13]金银珍,金在龙.现代陶艺的艺术语言[M].上海:学林出版社,2005.

[14]汤兆基.中国传统工艺全集:雕塑[M].郑州:大象出版社,2005.

[15]叶喆民.中国陶瓷史[M].北京:生活.读书.新知三联书店,2011.

[16]李艾东.中国陶塑艺术研究[M].昆明:云南大学出版社,2009.

[17]顾森.中国读本:中国雕塑[M].北京:中国国际广播出版社,2011.

[18]李泽厚.中国近代思想史论[M].北京:生活.读书.新知三联书店,2008.

[19]曹春生,陈丽萍.景德镇雕塑瓷艺[M].广州:华南理工大学出版社,2008.

后　记

平顶山学院位于河南省中南部的平顶山市，这是一座以煤炭为主的新兴城市，在其周边分布着汝瓷、钧瓷瓷区，有著名的宝丰清凉寺窑址、汝州张公巷窑址、鲁山县段店窑窑址、郏县黄道窑窑址、神垕窑址等，是中国主要的陶瓷生产区域。

2017年，平顶山学院获得教育部陶瓷工艺专业设置，并成立陶瓷学院。现招收艺术陶瓷、陶瓷工业设计两个本科专业，在校生500余人，专业教师50余人。有河南省科学技术厅建设的"河南省中原古陶瓷研究重点实验室""河南省鲁山花瓷复仿制中心"，正在筹建"中国陶瓷工艺技术博物馆""平顶山市陶瓷文化园"。

学校各级领导对陶瓷学院的建设非常重视，为了专业的健康发展和教学的顺利进行，组织教师到全国考察调研，到兄弟院校取经学习，开始编撰关于陶瓷专业的系列教材。本教材就是其中一部。

本教材以考古出土和馆藏陶瓷雕塑的原始资料为基础，用实物标本和文献互相对证、互相补充、互相解说、互相阐发，简单易懂而严谨地介绍中国历代的陶瓷雕塑的演变，以历史为主线，系统介绍中国陶瓷雕塑的发展历史。

为工艺美术史更加客观可信，编著者尽量采用出土实物；为工艺美术史不再"清瘦"，编著者大量查阅文献史料；为体现工艺美术的特点，编著者对材料、技术的适用叙述较多；为更清晰地说明工艺美术的嬗变，编著者倾力对艺术现象做出尽可能准确的时间界定；为揭示中国工艺美术丰富面貌的成因，编者注重陶瓷雕塑的历史背景、时代特征、地域特点、制作地域和作品特征的描述；为解说工艺美术突变的根源，编著者适当介绍了相关的时代特点和民族习俗。

本教材出版的目的是作为高等院校陶瓷艺术设计专业的基础教材使用。

孙晓岗

2023年3月